Peter Adey

LUFT

Haupt

Peter Adey

LUFT

Eine Kultur- und Naturgeschichte

Aus dem Englischen übersetzt
von Susanne Schmidt-Wussow

HAUPT VERLAG

FÜR HAYLEY

INHALT

LAVOISIER ANALYSANT L'AIR ATMOSPHÉRIQUE.

EINFÜHRUNG

Luft besteht aus 78 Prozent Stickstoff, 21 Prozent Sauerstoff, 0,96 Prozent Argon und 0,4 Prozent anderen Gasen und Elementen. Luft geht uns alle etwas an. Wir brauchen sie, sie ist unabdingbar für unsere Existenz. Obwohl wir sie nicht sehen, lassen wir sie keineswegs unberührt. Tatsächlich verbraucht jeder Mensch rund 360 Liter Luft pro Stunde. Wir müssen unentwegt Luft konsumieren. Und auch wenn wir nicht sehr oft darüber nachdenken mögen, verdient die Luft daher unsere Aufmerksamkeit.

Jeder Atemzug enthält etwa einen halben Liter Luft. Wir ziehen sie in unseren Körper und stoßen sie wieder aus, tränken unser Blut mit dem Sauerstoff aus der Luft und geben Luft als Abgas wieder ab, in Form von Atem, Rülpsern, Pupsern oder Sprache. Das Einziehen von Luft – die Einatmung – erweitert die Brusthöhle durch die Bewegung des Zwerchfells, das sich zusammenziehen und ausdehnen kann. Diese Zunahme des Brustvolumens erzeugt das negative Druckgefälle, das Luft in die Lunge strömen lässt, wo sie dieser gibt, was sie braucht. Am meisten brauchen wir jedoch die 21 Prozent Sauerstoff, der von der Lunge in den Blutstrom abgegeben wird. Was herauskommt, also die Luft, die den Körper verlässt, ist anders. Der Körper hat der Luft den Sauerstoff entzogen und gibt sie mit Kohlendioxid, Wasserdampf und etwas Wärme angereichert wieder ab.

Wir könnten also sagen, dass unsere Körper im Grund wandelnde Luftfilter sind, vor allem für Pflanzen, die das Kohlendioxid aufnehmen, das wir abgeben (deshalb ist es gut für Pflanzen, wenn wir mit ihnen sprechen), aber wir tun das nicht alle im selben Ausmaß. Läuferinnen und Läufer beispielsweise entwickeln eine große Lungenkapazität und bewegen beim Ein- und Ausatmen große Luftmengen.

Dies lässt sich auf unterschiedliche Arten messen, aber die wohl häufigste ist als „VO_2max" oder „maximale Sauerstoffaufnahme" bekannt (wobei V für Volumen steht und O_2 für Sauerstoff). Der Durchschnittswert für Männer und Frauen

LINKS Antoine Laurent de Lavoisier (1743–1794) bei einem Experiment zum Luftdruck der Atmosphäre, 1888

liegt zwischen 27 und 40 Milliliter Sauerstoff je Kilogramm Körpergewicht pro Minute. Die Kapazität von Sportlern wie Usain Bolt wird zwischen 80 und 90 ml je Kilo pro Minute angegeben. Wenn wir uns nun erinnern, dass Sauerstoff etwa 20 Prozent der Luft ausmacht, ist das eine ganze Menge Luft, die pro Minute durch die Lunge eines Menschen wandert. Selbst für einen durchschnittlichen Menschen liegen die Schätzungen der Luftmenge, die er im Laufe seines Lebens atmet, bei etwa 265 Millionen Litern aufwärts.

Die Atmung ist etwas, das viele Lebewesen auf dem Planeten, nicht nur Menschen, zum Überleben brauchen. Alle Säugetiere atmen Luft; selbst diejenigen, die im Meer leben, müssen auftauchen, um Luft ein- und auszuatmen. Insekten atmen auch, aber anders. Anstelle fleischiger Lungenflügel atmen Insekten durch ihr Exoskelett über sogenannte Stigmen, die sich öffnen und schließen, um Luft in die Tracheen und damit beinahe direkt ins Blut zu leiten. Dieser Atemvorgang sorgt bei einem Großteil des organischen Lebens dafür, dass die Zellen funktionieren, wachsen und sich vermehren. Im Zentrum der Arbeit unserer Zellen steht die sogenannte Zellatmung oder aerobe Atmung – ein Prozess, durch den die Gase in der Luft, also der Sauerstoff, über eine Art der Verbrennung nutzbar gemacht werden. Die Zellatmung ist im Wesentlichen eine chemische Reaktion, in der die Energie erzeugt wird, die die Zellen brauchen. Pflanzen tun das über die Fotosynthese und atmen dabei auf eine ganz andere Weise Luft als Tiere.

Dieses Buch beschäftigt sich mit Luft als einer bemerkenswerten Substanz, einem faszinierenden Naturphänomen und einer technologischen Errungenschaft. Es untersucht, warum Luft so wichtig ist, woher wir eigentlich wissen, dass es sie gibt, und was sie bewirkt. Es stellt dar, wie wir erstmals auf die Luft stießen, indem wir sie nutzbar machten. Es geht um Luft und wie wir dazu kamen, sie zu kennen, zu spüren, wahrzunehmen, aber auch darum, wer wir sind und wie wir mit der Luft leben – um unsere Lebensweise, unsere Wissenschaft, unsere Kultur, unsere Politik, unsere Technologien. Als der Stoff, aus dem Poesie, Malerei, Literatur und wissenschaftliche Untersuchungen bestehen, beflügelt die Luft unsere Vorstellungskraft. Luft gehört also nicht nur in die Welt „da draußen“; vielmehr formt sie alle Arten von Ausdrucksmöglichkeiten und Formen der Repräsentation – unsere Erzählungen, Geschichte, Gedanken, Gefühle und Emotionen können von ihr geprägt sein.

Im letzten Teil dieser Einführung möchte ich nachzeichnen, wie wir die Luft kennenlernten, erst als zentrale Substanz der urzeitlichen Entwicklung unseres Planeten, dann als ein Element der antiken Welt, als Objekt der Wissenschaft und der Erfindungen in der Aufklärung und schließlich als Rohstoff in industriellen, gesellschaftlichen und technologischen Revolutionen.

DIE GEBURT DER LUFT

Woher kam unsere Luft und wie hat sie sich verändert? Heute besteht unsere Atmosphäre aus einer Reihe häufiger Gase wie Methan, Ammoniak, flüchtigen Aminen, organischen Säuren, Schwefelwasserstoff, Stickstoff, Lachgas und anderen. Aber so war es nicht immer. Man nimmt an, dass unsere frühe Atmosphäre vor allem aus Wasserstoff und Helium bestand, von denen sich ein Teil ins Weltall verflüchtigte. Später, als Schwerkraft und Magnetfeld der Erde stärker wurden, hielten sie schwerere Gase fest. Starke vulkanische Aktivitäten führten dazu, dass durch das sogenannte „Ausgasen" ein bedeutender Anteil Kohlendioxid, Methan und Salzsäure dazukam. Ein großer Teil des Kohlendioxids wurde in dieser Zeit in Karbonatgestein eingeschlossen und löste sich in den Meeren, die kühlenden Wasserdampf bildeten. Und doch war der wohl größte Faktor, der unsere Luft beeinflusste, das Leben.

Vor rund 3,5 Milliarden Jahren, als die ersten organischen Bakterien und frühen organischen Lebensformen auf der Erde erschienen, veränderte sich auch die Atmosphäre. Bemerkenswert an dieser Zeit ist, dass Sauerstoff damals noch nicht in der Luft war, sondern erst eingebracht wurde. Organismen begannen, die Zirkulation und Kreisläufe von Gasen so zu regulieren, dass sie damit die Luft oxidierten und damit bessere Bedingungen für aerobe Lebensformen schufen, also für Leben, das von der Atmung abhängig ist. Diese Art reziproker Luft-Erde-Beziehung wird schon seit Langem beschrieben. Frühere „Exhalationstheorien", die der englische Naturforscher John Woodward im späten 17. Jahrhundert vertrat, schrieben lokalisierten atmosphärischen Ereignissen geologische Ursprünge zu; Meteorologie wurde als Erweiterung der Geologie und des Erdinneren verstanden. Die moderne Meteorologie sollte später weitaus überzeugendere Thesen über einen Zyklus von Übertragung und Austausch von Materie und Energie zwischen Atmosphäre, Erde und Meeren aufstellen.[1] Doch auf globaler Ebene hatte niemand wirklich verstanden, wie die Entstehung der Atmosphäre unseres Planeten mit dem Leben, den Meeren und der Geologie der Erde zusammenhing.

Diese Beziehung zwischen organischem Leben und der Menge von Gasen wie Sauerstoff, Stickstoff und Kohlendioxid in der Luft wurde in den 1970er-Jahren von James Lovelock und Lynn Margulis in ihrer Gaia-Hypothese vorgestellt. Die

Neujustierung der Atmosphäre unterstützte die Entstehung von Bedingungen, die eine sauerstoffreichere Atmosphäre und eine relativ gleichmäßige Temperatur aufrechterhielten. Für Lovelock fungiert die Luft daher wie das Thermostat in einer Zentralheizung, und die Atmosphäre schützt das Leben auf dem Planeten vor potenziell schädlichen oder unerwünschten Veränderungen.[2]

Lovelocks Arbeit erregte viel Aufmerksamkeit in der Wissenschaft – nicht zuletzt, weil seine Hypothese der Biosphäre und der Atmosphäre eine Art von Daseinszweck zuwies. Trotz dieser Probleme stellte sie das Entstehen der Atmosphäre in eine deutlich engere Beziehung zum Leben, als man bisher angenommen hatte. Lovelock verglich die Atmosphäre mit dem Haus einer Schnecke oder dem Fell eines Säugetiers. Sein Ansatz sollte sich als wertvoll für die Untersuchung der möglichen Existenz von Leben auf anderen Planeten erweisen, weil die Atmosphäre eines Planeten sich dazu nutzen ließ, Vorhersagen über die Existenz oder Abwesenheit von Leben zu treffen. Ein bestimmtes Klima würde die symbiotische Beziehung zwischen der Luft und organischen Lebensformen anzeigen, die mit ihr interagieren – das gemeinsame Auftauchen bedeutender Mengen Sauerstoff und Methan wäre ein Hauptmarker. Wir sehen also, dass Luft grundlegende Fragen über das Leben aufwirft.[3]

Wenn die Geburt der Luft untrennbar mit der Geburt des Lebens auf der Erde verknüpft ist, dann ist diese Genese möglich, weil Luft den Transport und die Verteilung von Material wie Kohlenstoff ins Meer oder Sauerstoff in die Atmosphäre ermöglicht. Trotz seiner substanzlosen Erscheinung kann die Luft im Laufe der Zeit große Mengen Materialien bewegen. Sehen wir uns kurz im Karbon um, einer Periode vor einigen Hundert Millionen Jahren, als die großen Kohlenstoffvorräte der Erde durch das schnelle Wachstum von Sümpfen und Wäldern aus rindentragenden Bäumen entstanden, die sich schließlich in dicken Kohlesedimentschichten ablagerten. Durch die Messung von Kohlenstoffisotopen in Gesteinen und in Fossilien eingeschlossenen Gasblasen, auch „fossile Luft“ genannt, ist sich die wissenschaftliche Gemeinschaft inzwischen einig, dass dieses starke Wachstum durch eine sogenannte „Sauerstoffspitze“ verursacht wurde. Einem traditionelleren Erklärungsansatz zufolge ging zwar die klimatische Landschaft gemäßigter Sümpfe und Wälder aus langsamen tektonischen Veränderungen hervor, doch die Wissenschaft hielt dagegen, dass die Pflanzen selbst diese Veränderung herbeiführten.

Die massive Sauerstoffspitze (bis zu 35 Prozent der Atmosphäre gegenüber der geringeren Konzentration heute) führte zu Riesenwuchs bei Amphibien und Insekten, vor allem in Form riesiger Libellen, die mehr als fünfmal so lang und deren Thorax doppelt so breit war wie die der größten heutigen Libellen und deren Flügelspannweite bis zu 70 Zentimeter betragen haben soll. Doch was verursachte die Spitze?

Mehreren Theorien zufolge hatten sich viele der Bakterien und Pilze, die tote Pflanzenmaterialien zersetzten, noch nicht so weit entwickelt, dass sie ein damals neues Molekül namens Lignin zerlegen konnten. Dieses Molekül verstärkte die Pflanzen und Bäume strukturell und ermöglichte ihnen, höher zu wachsen und eine deutlich dickere Rinde auszubilden. Die Bäume im Karbon enthielten viel Lignin, und die Unfähigkeit der Bakterien, die Bäume zu verdauen, führte dazu, dass der Kohlenstoff der Bäume unter den Sümpfen begraben wurde. Er gelangte nicht wieder in die Atmosphäre, sondern lag in der Erde eingeschlossen, bis er während der industriellen Revolution als Brennstoff wieder ausgegraben wurde. Obwohl es nicht so einfach ist, eine Korrelation zwischen höherem Sauerstoffgehalt in der Luft und der Entwicklung großer Säugetiere und Insekten herzustellen – da viele Insekten diesen Riesenwuchs nicht zeigten –, schrieb der Evolutionsbiologe und Sozialist J. B. S. Haldane (über dessen Vater wir später noch mehr hören werden) 1928 in seinem Aufsatz *On Being the Right Size:* „Hätten die Insekten eine Möglichkeit gefunden, die Luft aktiv durch ihre Gewebe zu transportieren, statt sie nur einströmen zu lassen, hätten sie so groß wie Hummer werden können."[4] Aber es war nicht der Umstand, dass Insekten Sauerstoff durch ihre Gewebe transportierten, der sie größer machte, sondern der höhere Sauerstoffgehalt. Er ermöglichte einigen Insekten, im Verhältnis zu ihrem Tracheensystem größer zu werden, weil sie sich weniger anstrengen mussten.

Wichtig ist hier für uns, dass die Luft und was ihr entnommen und zurückgegeben wurde – nämlich Kohlenstoff durch die Fotosynthese der Pflanzen und Sauerstoff durch die Pflanzenatmung –, unglaublich wichtig für die Entstehung der Atmosphäre waren und Jahrmillionen später auch für die Gesellschaften, die diesen Kohlenstoff nutzten.

ANTIKE LUFT

Einige der frühesten philosophischen Betrachtungen der menschlichen Zivilisation beschäftigten sich damit, wie die Luft sich in eine größere Kosmologie anderer wichtiger Elemente einfügte. Diese Denkschule versuchte, Ordnung und eine gewisse Eleganz in das offenkundige Chaos einer urzeitlichen Welt zu bringen. Während der Revolution des wissenschaftlichen Denkens in Ionien um das

6. Jahrhundert v. Chr. betrachteten vorsokratische Denker wie Anaximenes im Gegensatz zur späteren platonischen Philosophie Geist, Seele und Luft als ein vieldeutiges Element, eine Kombination der Vorstellung von *pneuma* (Geist) und *aer* (materielle Substanz). Platon sah die Luft später zusammen mit vier anderen Grundelementen in einer Anordnung, auf die wir gleich noch einmal zurückkommen. Für Anaximenes jedoch „ist die Luft Gott“. In dieser Denkweise werden Luft und Atem synonym gebraucht. Wir leben inmitten der Luft, sie hält uns zusammen und sie ist göttlich.

Selbst in diesen vormodernen Beschreibungen der Luft gab es ausgesprochen moderne Bemühungen, sie zu klassifizieren. So identifizierte Aristoteles die Luft als die Eigenschaft des „Dahingehens“, sodass andere Elemente sich manchmal wie Luft benahmen, wenn sie sich in die Substanzlosigkeit auflösten. In einigen Schriften war Luft das Grundelement, etwa bei Anaximenes' Lehrer Anaximander. Er identifizierte Luft als das grundlegende und unendliche Element, das *aperion,* aus dem Wasser, Erde und Feuer entstehen konnten. Luft kann zu Wasser werden, wenn sie zusammengedrückt wird. Kühlt man sie ab, wird sie zu Erde. Und durch Verdünnen und Erhitzen wird daraus Feuer.

Für Thales dagegen war das *aperion* Wasser, für Heraklit Feuer. Anaximenes skizzierte eine Art Hierarchie der Elemente, in der die Luft ganz oben stand. Selbst der Kosmos war seiner Meinung nach aus der Luft entstanden. Während Luft für Homer eher in der Mitte zwischen der Erde und dem Kupferdach des Himmels zu finden war, befand sie sich für Platon neben Feuer, Wasser, Erde und einem vermittelnden Äther, der alles zusammenhielt.

Die verschiedenen Darstellungen der Luft waren selten beständig und blieben nicht unbestritten. Trotz des theatralischen und politisch motivierten Spotts, den er für seine Lehren erntete, gab Aristoteles später auch dieses *aperion* auf und übernahm stattdessen Empedokles' vier Elemente: Erde, Luft, Feuer und Wasser. Diesen Elementen wurden zudem spezifische Paare aus vier möglichen Eigenschaften – heiß, trocken, kalt, feucht – zugewiesen, über die sie sich miteinander kombinieren oder ineinander übergehen konnten. Luft war demnach heiß und feucht, Feuer heiß und trocken, Wasser kalt und feucht und Erde kalt und trocken. In diesen Paarungen wurde erstmals der Versuch unternommen, die Luft zu klassifizieren und ins Verhältnis zu den anderen Elementen zu setzen, die Platon dann in konzentrischen Ringen um das Zentrum des Universums anordnete.

In den antiken Überlegungen zu den Elementen wurde Luft nicht in ein ätherisches und äußeres Reich abgeschoben, das nichts mit dem menschlichen

Körper zu tun hatte; in der antiken Vorstellung setzte sich dieser selbst aus Elementen zusammen, die bestimmte Veranlagungen begründeten oder das, was der Arzt Hippokrates und viel später Galen (geboren 129) in ihren Theorien als „Säfte" bezeichneten.

Der Römer Galen beschrieb eine Welt, die sich aus Elementen, Jahreszeiten in den Jahren und Menschen und ihren Leidenschaften in den Körpersäften zusammensetzte. Aus gelber Galle, Blut, Schleim und schwarzer Galle wurden später vier damit verbundene Temperamente: sanguinisch, cholerisch, phlegmatisch und melancholisch. Die Körpersäfte sorgten für Gleichgewicht, indem sie die zugeordneten Temperamente mit den elementaren Eigenschaften feucht, kalt, heiß und trocken, den Kreisläufen von Blut, Luft, Galle und Schleim im Körperinneren und dem umgebenden Klima mischten und kombinierten. Galen argumentierte, dass es die Luft war, die sich im Herzen mit dem Blut mischte und den Körper belüftete sowie Wärme und lebendigen Geist in ihm verteilte.

William Harvey widersprach dieser These 1628 in seiner Abhandlung über den Blutkreislauf im Körper mit der Frage, wenn „Dämpfe und Luft über diesen Weg hinein- und hinausgelangen [...], warum finden wir beim Sezieren dann weder Luft noch Dämpfe?" Wie Hippokrates in seinem Aufsatz „Über Luft-, Wasser- und Ortsverhältnisse" (um 400 v. Chr.) bereits vorwegnahm, beeinflussten nach diesen Ansätzen die Temperatur das Temperament, ungesunde Winde das Verhalten und Ethnien und Nationen entstanden aus der Aufregung durch unvorhersehbares, stürmisches Wetter.

In den meisten dieser vormodernen Berichte verbindet die Luft Körpervorgänge mit dem Geschehen im Kosmos und der Existenz des einen Gottes und anderer Gottheiten. Luft wurde schon damals als mehr angesehen als eine einfache materielle Substanz. Diskussionen über und Darstellungen von Luft zeichnen sich seit jeher durch eine gewisse Lebendigkeit aus. In biblischen Erzählungen gilt die Luft eines Schöpfers als wichtigster Wind. So wird im 1. Buch Mose 2,7 das Leben durch den Atem gegeben: „Da formte Gott, der HERR, den Menschen, Staub vom Erdboden, und blies in seine Nase den Lebensatem. So wurde der Mensch zu einem lebendigen Wesen." Taoistische Weltanschauungen verknüpfen die Luft unterdessen mit dem Qi, yogische Traditionen betrachten sie als lebendigen Geist, der sich durch verschiedene Atemübungen unterstützen lässt.

DAS GEWICHT VON LUFT

Woher wissen wir, dass Luft überhaupt existiert? Zum Teil ist das eine Frage der Wirkung. Mit anderen Worten: Wir wissen, dass die Luft da ist, weil sie etwas bewirkt. Herauszufinden, was *in* der Luft enthalten war, lief auf einen unverkennbar modernen Imperativ hinaus, die Dinge über die vier Elemente der Antike und verschiedene Glaubenssysteme hinaus zu ordnen und zu sortieren. In den 1650er-Jahren erfand Otto von Guericke aus Sachsen wahrscheinlich die erste moderne Luftpumpe, die ein vernünftiges Vakuum erzeugen konnte, indem sie die Luft aus etwas herauspumpte. Seine berühmten Magdeburger Halbkugeln bestanden aus zwei Hälften einer Kupferkugel mit einem Durchmesser von rund 50 Zentimetern, deren Ränder mit Fett abgedichtet wurden. Anschließend wurde die Luft mithilfe einer Kolbenpumpe und eines Ventils herausgepumpt. Bei seiner berühmten Demonstration vor dem Reichstag in Regensburg zeigte von Guericke 1654, dass das Vakuum recht bemerkenswerte Eigenschaften aufwies, die nicht nur wissenschaftliche, sondern auch theologische Konsequenzen hatten. Das Problem war Folgendes: Warum war es nach dem Herausziehen der Luft so extrem schwierig, die Hälften auseinanderzuziehen?

Von Guericke spannte sechzehn Pferde vor jede Kugelhälfte und zeigte, dass nicht einmal die Kraft von 32 Pferden sie auseinanderbringen konnte. Er argumentierte, dass die Pferde versuchten, gegen die „Masse der Luft im Himmel“ zu ziehen. Das war eine Theorie des Luftdrucks, des Gewichts der Luft, die die Kugelhälften zusammendrückte. Tatsächlich hätte von Guericke eher 44 Pferde auf jeder Seite gebraucht, um die Kraft von 20 000 Newton auszugleichen, die auf die Kugeln wirkte. Doch durch die Demonstration der Eigenschaften des atmosphärischen Luftdrucks und die Vorführung, dass die Existenz eines Vakuums überhaupt möglich war, erreichte er noch mehr: Von Guericke wies explizit das aristotelische und christliche Prinzip zurück, dass ein Vakuum nicht existieren könne. Er stützte sich dabei wahrscheinlich auf die Werke anderer, etwa auf die von Heron von Alexandrien, der seine *Pneumatica* im 1. Jahrhundert n. Chr. verfasst hatte. Neben anderen Geräten illustrierte der „Heronsball“ die Kräfte erhitzter, unter Druck gesetzter Luft, die als Dampf entwich und ein Objekt in Drehung versetzte. Dennoch stellte von Guericke explizit anerkannte religiöse und wissenschaftliche Argumente infrage.

LINKS Urzeitliche Libelle *(Meganeura manyi)*

Von Guericke bekämpfte eine Philosophie, die das Vakuum als etwas betrachtete, vor dem die Natur zurückschreckte. Würde die Luft aus einem Raum entfernt, dann müsste die Natur die Leere entsprechend wieder auffüllen. Deshalb erregten von Guerickes Experimente so viel Aufsehen und Kontroversen. Tatsächlich war es schwierig zu begreifen, dass die Luft nicht nur eine derart große Kraft ausüben, sondern dass ohne Luft nichts ihren Platz einnehmen konnte. Von Guericke veröffentlichte sein *Experimenta nova* 1672 und beschrieb die Luft darin als physikalische Substanz und in dem Kapitel „Über das Gewicht von Luft“ auch ihre Form. Er kam zu dem Schluss, dass der Druck, der die Kugelhälften zusammenhielt, das Gewicht der Atmosphäre war, die nach unten drückte – eine Kraft, die als Luftdruck oder atmosphärischer Druck bekannt werden sollte –, und zwar mit 101,3 Kilopascal, gemessen als Luftsäule vom Meeresspiegel bis zum oberen Rand der Atmosphäre.

Von Guerickes Idee wurde von dem italienischen Mathematiker Evangelista Torricelli weiterentwickelt, der 1643 eins der ersten Barometer zur Messung des Luftdrucks erfand. Das griechische Wort *baros* bedeutet „Gewicht“ und bezieht sich hier auf das Gewicht der Atmosphäre – diese Position war bislang undenkbar erschienen angesichts der scheinbaren Gewichtslosigkeit der Luft. Fast gleichzeitig führte der Engländer Robert Boyle die Erzeugung von Vakuen in größerem Maßstab fort und veröffentlichte 1660 seine Abhandlung *Touching the Spring of the Air, and its Effects,* in der er das „ruhelose Bestreben“ der Luft, „sich auf jede Weise auszudehnen“, beschrieb. Diese Eigenschaft der Luft nannte Boyle ihre „Spannkraft“. Bei Torricelli sehen wir vor allem die ersten Technologien, die zeigten, dass Luft nicht nur eine Kraft – Druck – ausübte, sondern dass die Verteilung der Luft nicht überall auf der Welt gleich war. Es wurde klar, dass in größeren Höhen wegen der dünneren Luft ein geringerer Luftdruck herrschte, wie Pascal einige Jahre nach von Guericke am Puy-de-Dôme in der französischen Auvergne demonstrieren sollte. Von Guericke bemerkte sogar, dass der verringerte Luftdruck darauf hinweist, dass das Weltall um die Erde „nicht bis zum Mond mit Luft gefüllt ist und schon gar nicht bis zur Sonne oder darüber hinaus“.[5]

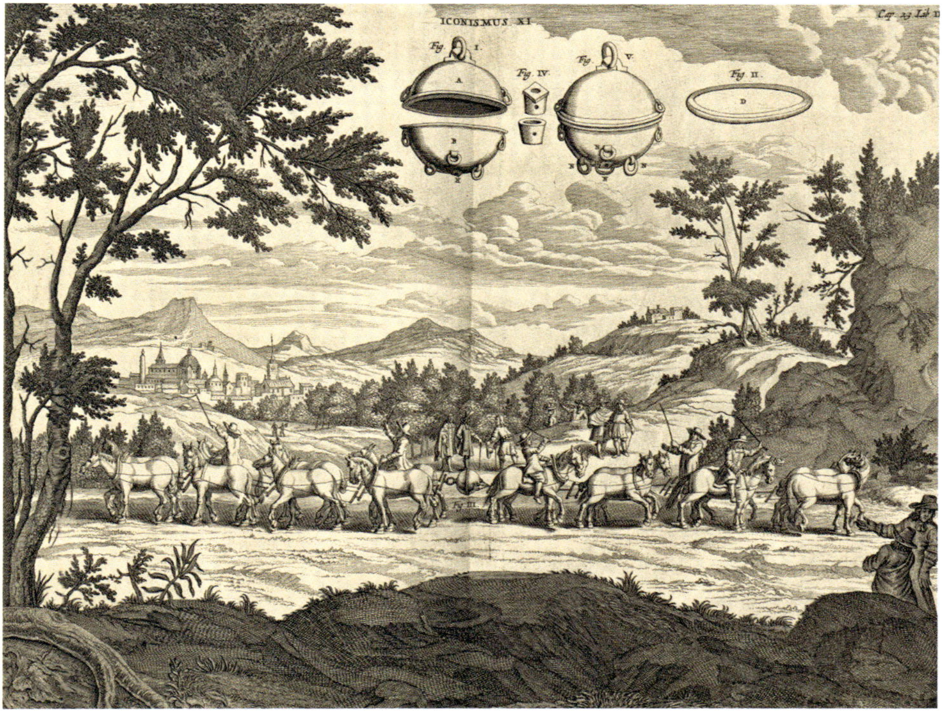

OBEN Caspar Schott, *Die Magdeburger Halbkugeln,* 1657, Kupferstich

LINKS Heronsball, Kupferstich aus *Knight's American Mechanical Dictionary* (1876)

DIE ZUSAMMENSETZUNG VON LUFT

Boyles Experimente und seine Luftpumpe wurden in Joseph Wrights Gemälde *An Experiment on a Bird in the Air Pump* („Ein Experiment an einem Vogel in der Luftpumpe“) verewigt. Das Bild gibt ein Experiment von Wissenschaftlern wie Boyle wieder, der eine Lerche in eine Kammer sperrte, um die Auswirkungen eines Vakuums auf lebende Organismen zu verstehen. Zunächst stellte Boyle fest, dass der Vogel erschlaffte, dann erschien er ihm krank, von Krämpfen geschüttelt.

Wrights Gemälde nahm seinen Zeitgenossen und Fachkollegen der Lunar Society vorweg, den Theologen und Naturphilosophen Joseph Priestley (1733–1804). Priestley wird weithin die Entdeckung des Sauerstoffs zugeschrieben oder vielmehr dem, was er „dephlogistierte Luft“ nannte, nach Georg Ernst Stahls „Phlogiston“-Theorie. Die Existenz von Phlogiston war im Wesentlichen eine

UNTEN Valentine Green nach Joseph Wright, *An Experiment on a Bird in the Air Pump*, 1768, Kupferstich

ältere alchemistische Annahme. Sie lag der Überzeugung zugrunde, dass eine Substanz nur brennt, wenn sie als Bestandteil Feuer enthält, eins der antiken und unverzichtbaren Grundelemente. Die Gewichtsabnahme beim Verbrennen illustrierte den Übergang dieses Phlogistons (oder Feuers) in die Luft. Priestley nahm diese Theorie auf, entwickelte sie aber weiter durch die praktische Einsicht, dass Luft einen wichtigen Teil eines Systems darstellte.

Als er beobachtete, wie kleine Tiere und Organismen in einem luftdichten Behälter eingingen, beschloss Priestley 1771 zu untersuchen, was mit einem kleinen Minzezweig in einem Schraubglas geschehen würde. Irgendwie überlebte die Pflanze, was andere Organismen umbrachte. Die Minze tat etwas *mit* dem, was sich im Schraubglas befand. Priestley folgerte, dass etwas durch die Minze wiederhergestellt worden war, was Atmung und Verbrennung offenbar verbraucht hatten, indem sie die Luft bis zum Sättigungspunkt phlogistiert hatten – also mit dem Phlogiston angereichert, das seiner Überzeugung nach von der Kerze oder dem Körper an die Luft abgegeben wurde. In der wiederhergestellten

UNTEN Ernest Board, *Joseph Priestley, the discoverer of oxygen* (Joseph Priestley, der Entdecker des Sauerstoffs), 1912, Öl auf Leinwand

Luft konnte wieder eine Kerze brennen, obwohl zehn Tage zuvor eine Flamme in derselben Luft verloschen war. Eine kleine Maus überlebte darin fast zehn Minuten. In Priestleys späterem Experiment im Jahr 1772 überlebte eine Maus 14 Minuten, ohne irgendwelche Schäden davonzutragen. Priestley erkannte dank dieser Experimente die Luft und insbesondere das, von dem wir heute wissen, dass es sich um die Eigenschaften des freien Sauerstoffs oder O_2 handelte.

Laut Priestleys Physik war Luft *in* den Dingen zu entdecken. Sie wurde von und aus Objekten entfernt. Selten verwendete er die Verben „verbinden", „kombinieren", „zersetzen" oder „zerlegen", die später zu Schlüsselwörtern der modernen Chemie wurden. Stattdessen musste Luft extrahiert oder abgegeben werden. Seine erste Publikation beschäftigte sich mit einer Methode, Wasser mit Luft zu durchtränken, und selbst die Fotosynthese der Pflanzen, die er beobachtete, begriff er nicht als eine Form der Transformation oder Umwandlung. Für Priestley existiert Luft stattdessen „in der grünen Materie in einem konzentrierten Zustand, aus dem das Licht sie befreit"; es verändert einfach seinen Zustand.[6]

In seinen Experimenten mit Wasser und Pflanzen und der gereinigten Luft, die die Pflanzen abgaben, argumentierte Priestley, es sei „die Luft im Wasser, und nicht das Wasser selbst, das die Materialien für diese reine Luft liefert".[7] Luft war immer vorhanden, sie konnte nur eine andere Form annehmen oder ihre Erscheinung verändern. Die Luft verlor ihre „luftige Form", bevor sie sie in einem anderen Zusammenhang wieder annahm. Doch schließlich musste Priestley sich in seiner Argumentation dem französischen Chemiker Antoine Laurent de Lavoisier (1743–1794) geschlagen geben, der weithin als der Vater der modernen Chemie gilt. Was Priestley „dephlogistierte Luft" nannte, war tatsächlich nicht die Luft selbst, sondern die Sauerstoffmoleküle in der Luft, die von der Minzepflanze abgegeben und von der Maus eingeatmet wurden.

Priestley ordnete die Luft ein, um sie in den Dingen zu finden. Aber er entdeckte nicht wirklich die Elemente, aus denen sie besteht, sondern hielt an einer Theorie der Elemente fest, die von den Griechen stammte und schon bald darauf überholt sein würde.

Inspiriert von Priestleys Experimenten, aber misstrauisch gegenüber der Phlogiston-Theorie, baute Lavoisier 1777 eine Apparatur, in der er Quecksilber und Luft unter einer Glasglocke erhitzen konnte. Während des zwölftägigen Experiments bildete sich in dem Behälter rotes Quecksilberoxid, und das Luftvolumen nahm ab. Tatsächlich fand er heraus, dass die übrig gebliebene Luft weder eine Flamme noch Leben nähren konnte. Er nannte diese Luft *azote,* „ohne Leben",

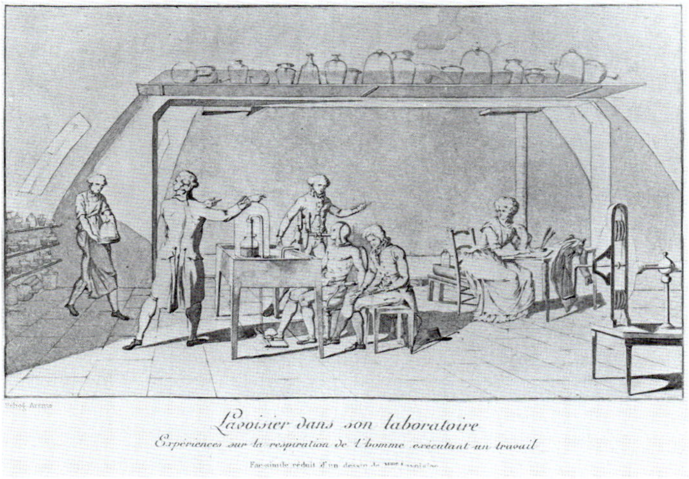

LINKS Edouard Grimaux, *Lavoisier bei der Arbeit mit seiner Frau, der Chemikerin Marie-Anne Pierrette Paulze,* 1888, Heliogravüre

abgeleitet vom griechischen Wort *zoe* für Leben. Später gab er ihr den Namen *nitrogène* („Salpeterbildner").

Sammelte man das Oxid in Form von Pulver ein und erhitzte es, entstand ein farbloses, geruchloses Gas, das Lavoisier als Sauerstoff oder Priestleys dephlogistierte Luft erkannte. Nachdem er diese beiden Gase identifiziert hatte, schloss Lavoisier, dass Luft aus Sauerstoff und Stickstoff in unterschiedlichen Mengen besteht.

Wenn wir Priestleys Arbeiten in die moderne Chemie hinein folgen, erkennen wir, wie allmählich ein Bewusstsein für die Eigenschaften der Luft, ihre Zuträglichkeit beim Atmen und schließlich, über Lavoisier und andere, die verschiedenen Substanzen entstand, aus denen Luft besteht. In seinem *Traité élémentaire de chimie* (dt: *System der antiphlogistischen Chemie,* 1792), der 1789 in Paris veröffentlicht wurde, zerlegte Lavoisiers moderne Chemie – ebenso wie Priestley in seinen sorgfältigen Arrangements von Reagenzröhrchen und Kammern seine verschiedenen „Lüfte" voneinander trennte – die Elemente in Verbindungen und Zusammensetzungen, die Grundlage für das Periodensystem. Luft wurde in eine bemerkenswerte Tabelle einfacher Substanzen aufgegliedert, die anschließend in die Gase Sauerstoff, Stickstoff und Wasserstoff unterteilt wurden (der, wie Lavoisier später demonstrierte, ein Bestandteil von Wasser ist).

Wir haben also in mehreren Experimenten des 17. und 18. Jahrhunderts festgestellt, dass Luft Sauerstoff enthält, der Lebewesen das Atmen ermöglicht,

OBEN *Lavoisier und Atmung,* undatiert, braune Federzeichnung und Lavierung, Künstler unbekannt

gleichzeitig aber auch verschiedene andere Gase und Substanzen umfasst. Luft übt eine Kraft aus, die wir „Luftdruck“ nennen. Luft stellte sich auf eine Weise dar, die intensive und eingehende Untersuchungen erforderte, um herauszufinden, was sie tat und wie das funktionierte.

Im 19. Jahrhundert entdeckte John Tyndall gar, dass Luft die Fähigkeit besitzt, Licht zu beeinflussen oder zu „streuen“; deswegen nehmen wir den Himmel auch als blau wahr. Die Luft verändert die Wellenlänge des Lichts, das durch sie hindurchfällt. Vielleicht können wir also sagen, dass diese Entdeckungen, insbesondere Priestleys und Lavoisiers Entdeckung des Sauerstoffs, gar nicht möglich gewesen wären, besäße Luft nicht so zahlreiche bemerkenswerte Eigenschaften.[8] Wissenschaftliche Netzwerke waren unwiderlegbar wichtig für Priestleys Entdeckung, seine Debatte mit Lavoisier und die Verbreitung seiner Ideen durch die Kaffeehäuser und wissenschaftlichen Räume des 18. Jahrhunderts, vor allem in Gelehrtengesellschaften und Kollegengruppen wie der Lunar Society in Derby. Dazu gehörten Figuren wie Erasmus Darwin, Josiah Wedgwood, Matthew Boulton und James Watt, der Großbritanniens industrielle und

TABLE OF SIMPLE SUBSTANCES.

Simple ſubſtances belonging to all the kingdoms of nature, which may be conſidered as the elements of bodies.

New Names.	*Correſpondent old Names.*
Light	Light.
Caloric	Heat. Principle or element of heat. Fire. Igneous fluid. Matter of fire and of heat.
Oxygen	Dephlogiſticated air. Empyreal air. Vital air, or Baſe of vital air.
Azote	Phlogiſticated air or gas. Mephitis, or its baſe.
Hydrogen	Inflammable air or gas, or the baſe of inflammable air.

LINKS Lavoisiers „Tabelle der einfachen Substanzen“, 1789

wirtschaftliche Geschicke so nachdrücklich formen würde und ebenso seinen wissenschaftlichen Fortschritt.[9] Über Luft musste gesprochen werden.[10]

Mit anderen Worten, es gab kein „ich“ bei der Erfindung der Luft: Wissenschaftliche Ideen entwickelten sich in Zusammenarbeit und Dialog. Die Frage nach der Luft „lag in der Luft“, sozusagen. Darüber hinaus unterstützte die Fähigkeit der Luft, Dinge zu transportieren, zu übermitteln und abzulegen, ihre eigene Entdeckung. Es war die Verteilung von Ressourcen durch die Luft – vor allem Kohlenstoff –, die es unseren Forschenden des 18. Jahrhunderts ermöglichte, sie zu untersuchen. All die Energie, die die industrielle Revolution und Priestleys Forschungen antrieb, stammte aus den riesigen Kohlenstofflagern und dem explosionsartigen Anstieg des Sauerstoffs vor über 300 Millionen Jahren, als Kohlenstoff aus der Luft gezogen und durch die pflanzliche Fotosynthese, fehlende bakterielle Verdauungstätigkeit und sauerstoffgetriebenen Riesenwuchs bei Tieren und Insekten wieder in den Boden gebracht wurde. Die üppigen Kohlenreserven, die Priestleys Arbeit ermöglichten, lagen direkt unter seinen Füßen.

OBEN James Sayers, *The Repeal of the Test Act: A Vision* (Die Aufhebung des Testakts: eine Vision), 1790, Radierung

REVOLUTION LIEGT IN DER LUFT

Im Tumult der Industrialisierung und dem Wachstum der Städte wurde die Luft durch Verbrennung, sozioökonomische Umstrukturierung und Unruhen nutzbar gemacht. In Nordeuropa waren Städte angsteinflößende Orte, an denen Mühlen, Hochöfen, Kamine Rauch ausstießen – höllische Orte laut Miltons *Verlorenem Paradies.*

Die Gewaltsamkeit der Veränderungen im 18. Jahrhundert gründete sich im Wesentlichen auf das Zusammentreffen von Elementen, die einen revolutionären Druck aufzubauen drohten. Die Kohlenstofflager, die Priestleys Gönnern ihren Wohlstand ermöglicht hatten, trafen auf Feuer, das vom Sauerstoff in der Luft genährt wurde, um Wasser zu Dampf zu erhitzen, eine feuchte, unter Druck gesetzte Luft, die 1764 die Maschine des schottischen Erfinders James Watt antreiben sollte, um mit effizienter Triebkraft menschliche Bewegungen zu mechanisieren. Watts Variante der Newcomen-Dampfmaschine nutzte einige der Eigenschaften von Luft, die wir bereits besprochen haben – insbesondere den Luftdruck. Der ursprüngliche Motor verwendete einen Verdichtungszylinder, dessen oberes Ende offen war; der andere Teil des Zylinders befand sich unter einem Kolben, dieser trieb einen Balancier an, der als mechanische Pumpe fungierte. Dampf wurde in den Zylinder geleitet und drückte den Kolben nach oben. Dann wurde kaltes Wasser hineingepumpt, das den Dampf unter dem Kolben wieder zu Wasser abkühlte. Dieser Prozess erzeugte ein Teilvakuum, in dem der Luftdruck den Kolben nach unten drückte und so den Gegenhub der Pumpe antrieb. Dank Watts beträchtlicher Verbesserung dieses Aufbaus konnte der Motor viel effizienter laufen und auch Rückwärtsbewegungen ausführen, was seinen Einsatzbereich erheblich erweiterte.

Diese Flüchtigkeit der Luft, wenn sie mit Wasser und Erde (Kohle) und Feuer verbrennt, fand ihren Ausdruck in politischen Bewegungen – sozusagen dem „Dampfablassen" –, als verwandelte sich die Gesellschaft unter Druck in einen Kampf zwischen Menschen, Maschinen und ihren Herren. Es ist daher nicht unpassend, dass Priestley in seiner Unterstützung der Revolution in Frankreich atmosphärische Analogien für die Erklärung des politischen Aufruhrs fand. Jean-Pierre Houëls Gemälde *Sturm auf die Bastille* zeigt die Festung während der Ereignisse des 14. Juli 1789 in Flammen.

RECHTS Samuel Collings, *The Reverend Philosopher* (Ehrwürden Philosoph), auch bekannt unter dem Titel *Dr Phlogiston, the Priestley Politician or the Political Priest!* (Dr. Phlogiston, der Priestley-Politiker oder der politische Priester!), kolorierte Transparenzzeichnung, 1794, Radierung und Kupferstich

Political Sermon
Revolution Toasts
BIBLE explained Away

Stellen wir uns nun Watts Maschine mit unter Druck gesetztem Dampf und kondensierendem Wasser vor. Rauch wallt in einem Luftstrom auf, der die Festung einzuhüllen droht, aber es ist nicht klar, woher der dicke Rauch kommt. Ist es das Feuer in der Bastille oder sind es die Gewitterwolken über ihr? Der französische Historiker Jules Michelet beschrieb die Augenblicke vor der Einnahme der Festung in seiner ausdrucksvollen historischen Semifiktion. Der Abend „war voll Wirrnis, voll unmäßiger Wut … Ein Gedanke erhob sich über Paris mit dem anbrechenden Tag."[11] Das war die Revolution, die Luft kochte, war entflammt. Etwas hatte „die Luft getränkt, die Temperatur hatte sich geändert; es scheint, als wäre ein Lebenshauch über die Welt geweht".[12]

In *Eine Geschichte aus zwei Städten* (1859) rekonstruiert Charles Dickens eine ähnliche Szene. Ein stürmischer Lufthauch beschreibt die Bewegung der revolutionären Massen.[13] Der Lärm ist gewaltig, „kommt heran und nähert sich mit der Schnelligkeit und dem Getöse des Sturmes. – Die Bastille ist genommen!"[14] Die Revolution ist eine gefährliche Mischung aus Luft und Wasser, die sich wie eine Masse bewegen. Der Lärm der Menge ist „aller Atem Frankreichs", ihre Bewegung eine lebendige See; „durch Feuer und Rauch – im Feuer und Rauch"

UNTEN James Scott nach James Lander: *James Watt and his Steam Engine* (James Watt und seine Dampfmaschine), 1860, Stich auf Papier

OBEN Jean-Pierre Houël: *Sturm auf die Bastille,* 1789, Aquarell

vervielfachen sich Bewegungen, Materialien und Luft. Dickens wiederholt sich immer wieder; „Musketen, Feuer und Rauch“, „Kanonen, Musketen, Feuer und Rauch“, „Kanonen, Musketen, Pulver und Rauch“, leichte Verschiebungen der tosenden See, „helllodernde Fackeln“, „Geschrei“, „Musketensalven“, ein kochender Tumult, der zerplatzt und schäumt und „wie weißer Gischt gen Himmel“ spritzt.

Inspiriert von den Ereignissen, die zur Französischen Revolution führten, zeigten Karikaturen Priestley oft, wie er aufrührerischen und aufständischen Rauch und heiße Luft gegen Monarchie, religiöse Intoleranz und die „Land besitzenden Klassen“ verbreitet. Auch konnte er seine Begeisterung für die Ereignisse in Paris nicht verbergen, die er als frischen Luftzug beschrieb, einen „günstigen Wind“, der „jeden jungen Geist dazu bringt, weit zu werden, sich in den aufkommenden Sturm zu schwingen und an der ruhmreichen Begeisterung teilzuhaben“.[15]

Dass Priestleys Haus während der Birmingham Riots von 1791 (auch als Priestley Riots bezeichnet) niedergerissen wurde, erinnert an Houëls Darstellung des Sturms auf die Bastille. Ein Mob hatte sich gegen Priestley und andere Dissidenten zusammengerottet, die in Dadley's Hotel in der Temple Row im Zentrum von Birmingham zusammengekommen waren, um den Jahrestag des Sturms auf die Bastille zu feiern. Der Mob versammelte sich draußen und schrie: „Kirche und König auf ewig!", bevor er das neue Andachtshaus niederbrannte, in dem Priestley Pfarrer war. Dann machte sich die Menge auf den Weg zu Priestleys Haus in Fairhill, das sie dem Erdboden gleichmachte, bevor sie seine Laboratorien zertrümmerte.[16] Priestley floh im April 1794 an Bord der *Sansom* nach Amerika, die zuerst in Sandy Hook vor Anker ging, bevor sie in den Hafen von New York einfuhr. Viele wünschten ihm Glück auf seiner Reise. Eine der Nachrichten stammte von der Society of United Irishmen in Dublin, die einen vagen Vergleich zwischen Priestley und Schießpulver zog. Seine Kraft, hieß es, „kann die Luft so antreiben, dass sie die stärksten Türme niederreißt und Zerstörung verbreitet". Lavoisier, Priestleys großer Rivale und ein Aristokrat, hatte weniger Glück.

UNTEN *The Reverend Dr Priestley's House at Fairhill following the Birmingham Riots* (Ehrwürden Dr. Priestleys Haus in Fairhill nach den Birmingham Riots), 1792, kolorierte Aquatinta

Er wurde einen Monat später am 8. Mai während Robespierres Terrorherrschaft mit der Guillotine hingerichtet.

DAMPFDÄMON

Die Turbulenzen in Frankreich wurden in der Mitte des 19. Jahrhunderts mit der rasch veränderlichen, unvertrauten Luft der industriellen Innovation verglichen, die seit Watts Erfindung produziert wurde; eine Kraft, die Thomas Carlyle in seiner Beschreibung der Baumwollspinnerei in den 1840er-Jahren als „Proteus Steamdemon" („Proteus Dampfdämon") bezeichnete. Die Maschine schien die Welt zum Kochen und Dampfen zu bringen. Als Henry Mayhew am 13. September 1852 mit dem Ballon über London aufstieg, sah er sich außerstande, den Umriss der Stadt von der Hölle oder dem Himmel zu unterscheiden. Dennoch muss sein Ausblick auf London ein ganz anderer gewesen sein als der, den der Ballonfahrer Vincenzo Lunardi 68 Jahre zuvor im Jahr 1784 genoss. Während Lunardi sich an der unaussprechlichen und beruhigenden Atmosphäre des Ballons erfreute und seine irdischen Sorgen davongleiten sah, war Mayhew dankbar, Londons Luft entkommen zu sein. Er atmet auf und genießt den „Engelsblick" von der „Himmelsleiter" aus; er ist vor der Stadt in Sicherheit:

> „wo es vielleicht mehr Tugend und mehr Frevel gibt, mehr Wohlstand und mehr Not auf engem Raum als in jedem anderen Teil der Erde – dem Getöse der ruhelosen See des Lebens und der Gefühle unten zu lauschen und zu hören, wie es – wie das Meer in einer Muschel – von den unaufhörlichen Kämpfen und Reibungen der fernen Gezeiten flüstert und sich dieses eine Mal ruhig zu fühlen wie ein Baby in der Wiege, und dass man kaum noch zur Erde gehört, kaum noch irdisch ist, während man wie Jakob die Himmelsleiter hinaufsteigt und die ‚große Handelswelt' unter sich halb aus den Augen verliert, wo Menschen nur als Spielfiguren betrachtet werden und wo der Grundsatz, dem Nachbarn das anzutun, was der Nachbar einem selbst antun würde, das Grundprinzip der Handelsreligion ausmacht – sich durch die endlosen Reiche des Raums treiben zu spüren und die reine dünne Luft des Himmels zu trinken."[17]

Einige Jahre später legte Marx in seiner Rede auf der Jahresfeier des *People's Paper* (1856) eine andere Sicht auf die „Kämpfe und Reibungen" vor. Marx' Perspektive ist definitiv nicht die von Mayhew. Er blickt nicht von oben,

OBEN Sicht aus einem Ballon auf London, 1880, Lithografie

sondern von innen auf die Stadt – inmitten der Atmosphäre von London. Er beschreibt ein Klima, das wieder durch den Hauptvertreter der industriellen Veränderung erzeugt wird: die Dampfmaschine. Die gesellschaftlichen Transformationen durch den Dampf ermöglichten für Marx eine repressive Ungleichheit, die fast so schwer auf den Menschen lastete wie die Luftsäule, die „mit 20 000 Pfund" nach unten drückte. „Spürt ihr sie?", fragte er.[18] Es war die heiße und beschleunigte Luft im Dampf, die eine Revolution der Arbeitspraxis und der Herstellung antrieb und genauso die billigen Arbeits- und Lebensbedingungen der arbeitenden Klassen, die Marx und Engels sichtbar machen wollten.[19] Marx wollte die Öffentlichkeit wachrütteln und ihr bewusst machen, dass sie in die Atmosphäre und ihren Klassenkampf versunken war, sie dazu bringen, die Ungleichheit zu fühlen, der Mayhew so freudig entkommt, und sei es nur für einen Moment.

Während Marx verlangte, dass der Druck politischen und gesellschaftlichen Aufruhrs bemerkt wurde, lenkte das neue Gehabe der Modernität viele davon ab oder ermunterte sie zu Eskapismus in anderer Form. In Walter Benjamins verstreuten Bemerkungen in seinem unvollendeten *Passagen-Werk* nimmt eine kleine Vignette des Präsurrealisten Grandville und seines Werks *Eine andere Welt* (1844) Gestalt an, in einem Auszug, in dem ein fantastischer kleiner Kobold seinen Weg durchs Weltall sucht. Was er findet oder baut, ist eine Brücke aus Eisen. Die Brückenpfeiler stehen auf Planeten, die Brücke zwischen ihnen bildet einen „Damm aus wundervoll glattem Asphalt", und als der Damm den Saturn erreicht, erscheinen die Ringe als kreisförmiger Balkon, auf dem die Bewohnerinnen und Bewohner des Saturns spazieren gehen, um frische Luft zu schnappen.

Grandvilles Eisenbrücken finden ihr Spiegelbild in den Pariser Ladenpassagen, die Benjamins schlendernde *flâneurs* so lieben, interne Kaleidoskope aus Farben und Konsum, geformt aus Eisen und Glas. Grandvilles Kobold benimmt sich wie ein Eskapist, der aus der Mühsal an einen Ort der Muße und des kontemplativen Träumens flieht. Seine Werke wurden von Baudelaire geschätzt und stecken voller subversiver, vermenschlichter Subjekte, oft bestehend aus, umgeben von, verborgen in Luft oder diese sichtbar ausstoßend.

Diese Traumlandschaft aus rauchenden Skizzenstiften, dampfenden Harfen, fliegenden Blasebälgen und anderen luftigen Dingen war möglicherweise nostalgisch. Aus dem Niedergang von Napoleon Bonaparte und der Wiedereinführung der Monarchie in Frankreich entstand für Benjamin eine „erstickende Welt" des Pomps, die das Ende der Passagen markierte:

> „Jeder Stein trägt das Zeichen der despotischen Macht, und all der Pomp macht die Lebensluft im buchstäblichen Sinne des Wortes schwer und schwül ... Es schwindelt einem zwischen dieser neuen Pracht, man erstickt, man schnappt ängstlich nach Luft."[20]

Das Eisen in Grandvilles Präsurrealismus war bemerkenswert leicht und erlaubte einen interplanetaren, umherschweifenden Blick auf eine Moderne, die sich mehr durch Revolutionen in Geschwindigkeit und Bewegung auszeichnete als durch Stabilität. Die Flüchtigkeit wurde auf den Leinwänden des Impressionismus eingefangen, denn als die Dampfmaschine Produktion und Stadtleben schneller machte, beschleunigte sie auch die Erfahrung von Zeit und Raum. Mit dem Zug, der sich wie eine Rakete einen Weg durch die Luft und durch die Landschaft bahnte, entstanden neue, verblüffende Formen der visuellen Darstellung, des Schreibens und der Poesie. Jedes Bild und jedes Wort wollten ein Gefühl von Geschwindigkeit und Dynamik vermitteln, wie Formen, die zu nichts zerschmelzen.

Nehmen wir zum Beispiel einmal J. M. W. Turners Bild *Rain, Steam and Speed* (1844). Auch wenn man es zunächst verunglimpfte, wurde daraus eine Ikone der modernen Mobilität. Der von Kohlen und Dampf angetriebene Zug bahnt sich einen Weg durch die Landschaft, ruft gemäß Michael Adas eine Maschine aus, die „die Elemente selbst" herausfordern.[21] Der Zug scheint alles in Luft zu verwandeln. Geschwindigkeit übertrumpft die Natur; das Bild ist eine Auflösung alles Festen. Alles verdampft in das Brennen von Luft, Licht, Regen und Landschaft.[22] In Turners Gemälde sehen wir, dass die moderne Luft Licht ist. Und wie bei den Passagen glühte die Luft eines Ortes, selbst bei einem Gebäude wie dem Crystal Palace in London. Marshal Berman vergleicht in seinem Aufsatz über Dostojewskis *Aufzeichnungen aus dem Kellerloch* (1864) die Schwerelosigkeit des Gebäudes aus Eisen und Glas mit Turners Gemälde.

Der Crystal Palace wurde von Joseph Paxton für die Weltausstellung 1851 entworfen und offenbar war Paxton ein Meister der Luft. Schon als Hauptgärtner des herrschaftlichen Chatsworth House in Derbyshire griff er dem Crystal Palace mit dem großen Wintergarten und anderen Glasgebäuden vor. Mit Dampfkesseln und umfangreichen Rohrleitungen, Ventilatoren in Mauerwerk und Dach erzeugte Paxton gemäßigte und subtropische Klimata, in denen Palmen und Lilien wuchsen. Das Modell des Palace war 84 Meter lang, 37 Meter breit und 20 Meter hoch. Ursprünglich stand er im Hyde Park; nachdem man

LINKS
J. J. Grandville, Illustration aus *Un Autre Monde* (1844)

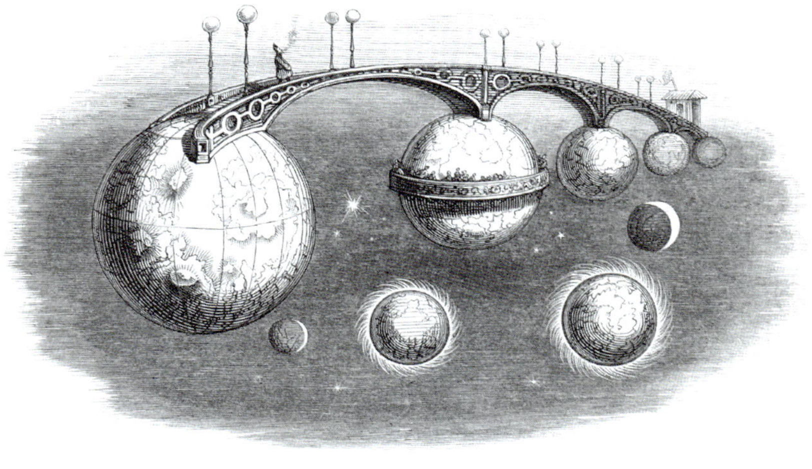

ihn nach Sydenham (einen Vorort im Südosten Londons) versetzt hatte, wurde der Palace in einem „farbenfrohen und dynamischen Ambiente“ erleuchtet. Gemälde und Palast waren von blendenden Strahlen durchflutet und bei beiden war das gemeinsame Glitzern von Sonne, Himmel und dem Wasser in der Luft zu bewundern.[23]

Dampf war der Antrieb für Industrie, Freizeit und schnellere Formen des Transports und die Mobilität, die er ermöglichte, veränderte sogar das Bild des Krieges hin zu einer romantischen Vorstellung. Die Verknüpfung der Luft mit Revolution und Gewalt brachte Beschreibungen von einigen der ersten Kriegsberichterstatter mit sich, die Turners Gemälden ähnelten. So beschrieb beispielsweise William Howard Russel 1854 die dampfgetriebenen Schiffe des englisch-französischen Einsatzkommandos, die ausliefen, um die russische Basis in Sewastopol einzunehmen:

UNTEN J. M. W. Turner, *Rain, Steam and Speed: The Great Western Railway* (Regen, Dampf und Geschwindigkeit: die Great Western Railway), 1844, Öl auf Leinwand

OBEN Henry Courtney Selous, *The Opening of the Great Exhibition, 1st May 1851* (Die Eröffnung der Londoner Industrieausstellung am 1. Mai 1851), Öl auf Leinwand

> „In fünf unregelmäßigen, zerstreuten Linien, flankiert von Kriegssegel- und -dampfschiffen, glitt die Flotte langsam voran und füllte die Luft dabei mit unzähligen Rauchsäulen, die allmählich zu Streifen verflachten und sich den Wolken anschlossen ... Das Land geriet unter den Kohlewolken und den Dampfwolken der Flotte rasch außer Sicht, und als wir vorrückten, war in der Hälfte des großen Himmels, die vor uns lag, nichts zu sehen außer den dunklen Wellen und dem kalten Himmel ... Hinter uns lag nur Leben und Kraft – Vitalität, Stärke und Bewegung.“[24]

Es liegt eine gewisse Ironie darin, dass es Feuer und Rauch waren, die den Crystal Palace zum letzten Mal erleuchteten, als er 1931 niederbrannte.

OBEN *External View of the Transept of the Crystal Palace from the Prince of Wales Gate* (Außenansicht des Querschiffs des Crystal Palace vom Prince of Wales Gate), 1851, kolorierte Lithografie

VOR HEUTE

Wenn wir Luft als wichtiges Beförderungsmittel betrachten können, dann können wir auch annehmen, dass sie eine ganze Menge möglicherweise unumkehrbare Transformationen und Veränderungen durchgemacht hat. An der Schwelle zum 20. Jahrhundert kam es zu weiteren Fortschritten im Bereich der Radioaktivität und der Entdeckung neuer Elemente mit eher ätherischen Eigenschaften. Radium gab Licht ab, hinterließ Spuren auf Fotoplatten, sendete Wärme aus, strahlte in die Luft und ermöglichte sogar die Leitung elektrischen Stroms durch die umgebende Luft. Für Marie Curie, die für das Isolieren und Verstehen des Elements den Nobelpreis bekam, war Radium „ansteckend". Wie eine durch die Luft übertragbare Krankheit verflüchtigte es sich schnell in die Atmosphäre. „Staub", schrieb sie, „die Raumluft ... Die Luft im Raum ist ein Leiter", und kaum etwas ließ sich vor ihr schützen, damit sie nicht alle anderen Objekte und Apparate mit Radioaktivität kontaminierte.

1950 reagierte die US-amerikanische Atomic Energy Commission (AEC) auf die zahlreichen Bedenken von Forschenden und anderen besorgten Gruppen hinsichtlich der möglichen Auswirkungen von Atomtests auf die Atmosphäre.

OBEN Die Baker-Atomexplosion im Rahmen der Operation Crossroads, 1946

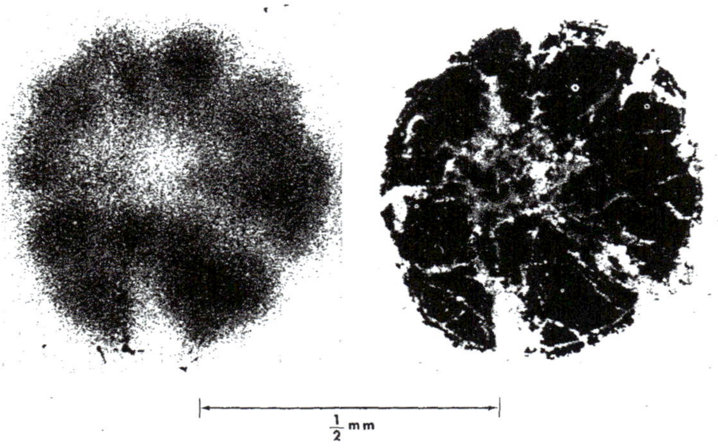

LINKS C. Adams, J. D. Connor, Dünnschliff und Autoradiografie eines Fallout-Teilchens, 1957

Vor allem die strahlenden Eigenschaften von Strontium-90 und Plutonium – den beiden krebserregenden und toxischen Isotopen, die die größte Sorge erregten – dominierten die Debatte. Heute ist das künstliche Element Strontium-90 in praktisch jeder einzelnen Lebensform an der Oberfläche des Planeten enthalten, weil seine Isotope durch die Tests in die Atmosphäre gebracht wurden und sich in den folgenden Jahren langsam auf Körpern, Inseln, Landschaften und Städten ablagerten.

Was die strahlenden Eigenschaften atmosphärischer Schwebstoffe von anderen unterscheidet, ist ihr scheinbar fehlendes Zentrum – sie lassen sich offenbar nicht an einem einzigen Ort halten. In diesem Sinn wird Luft zu etwas sowohl Persönlichem als auch Planetarem; sie ist komplex, unsicher und nonlinear, ein Fallout macht die Atmosphäre zu einer Waffe. Luft ist nur das Transportmittel, das Strahlung Tausende Kilometer weit wegbringt. Atomtests, die 1952 auf den Pazifikinseln von Mikronesien durchgeführt wurden, unterzogen diese abgelegenen Orte einer genauen visuellen und klimatologischen Prüfung.[25] Die „Blumenkohlwolke" und der „Atompilz" über dem Bikini-Atoll, verursacht von Atombomben, die unter und über den Wellen explodierten, wurden zu den meistfotografierten Ereignissen auf dem Planeten.

Der politische und radioaktive Fallout der Tests sollte dazu beitragen, eine Art „nukleares Unbehagen" zu wecken, eine sensorische Desorientierung, die durch oder über die Strahlung erzeugt wurde, die Inseln, Zellen und den Pla-

OBEN Tess Hurrell, *Chaology No 1.*, 2006, Silbergelatineabzug neten wegen der Luft miteinander verband. Durch Luft und Strahlung drang der atomare Fallout als unsichtbare Kraft in den Körper ein, wo er sich meist in bestimmten Bereichen konzentrierte, auf die umgebenden Gewebe abstrahlte und in der Folge zu Krebs führte.

Die Atmosphäre in der Mitte des 20. Jahrhunderts war von einer merkwürdigen Furcht geprägt, die von überall herkam, vor sich drohend abzeichnenden Bombern, sofortiger Verdampfung, Krebs und dem Fallout von Materialien, die Jahre brauchten, um zu Boden zu sinken. In dieser Atmosphäre der Sorge über die unheimlichen und radioaktiven Eigenschaften der Atomtests, gelang es dem Wissenschaftler Willard Libby, eine der präzisesten Datierungsmethoden zu entwickeln, die wir haben.

1960 bekam Libby den Nobelpreis für seine Arbeit, mit der er effektiv die Radiokarbondatierung erfand. Das Verfahren war am Institute for Nuclear Studies der University of Chicago entwickelt worden, das auch stark an der Entwicklung des Verständnisses der Auswirkungen von Atomwaffen auf die Atmosphäre beteiligt war. Er untersuchte unter anderem den Fallout aus Explosionen in der oberen Atmosphäre, die es in den USA und in französischen, britischen und russischen Atomtests gegeben hatte.[26] Nach dem Prinzip, dass Kohlenstoff-14 eine Halbwertszeit von 5600 Jahren hat, gingen seine Methoden davon aus, dass ein 5600 Jahre alter Körper halb so radioaktiv wäre wie ein heute lebender Organismus.[27]

In Quartärforschung und Archäologie wurde sehr bald 1950 als die Gegenwart betrachtet, nicht wegen des Aufkommens von Libbys bahnbrechenden Techniken, sondern weil der Versuch, die Radiokarbonmethode jenseits dieses Punktes anzuwenden, sich als sehr schwierig erwies. Der steile Anstieg von Kohlenstoff-14 in der Atmosphäre durch die Atombombentests machte jede Datierung nach 1950 unzuverlässig. In Archäologie und Quartärforschung lieferte die Radiokarbondatierung ein neues Maß für die Gegenwart. Anstelle des alten christlichen Kalenders mit „v. Chr." und „n. Chr." schuf Libbys Arbeit Platz für BP oder „Before Present". Während die Explosionen in Fotografien, der Atmosphäre und unseren Körpern archiviert wurden, machte Tess Hurrell in ihrer Arbeit daraus Skulpturen aus Watte, Talkumpuder, Draht und Pfeifenreinigern.

Die Unendlichkeit, die wir in der Luft sehen, lässt die Atmosphäre so groß erscheinen, dass sie sich außerhalb unserer Reichweite zu befinden und über die kleineren Veränderungen hinauszugehen scheint, die die Kommentatoren bereits in der stinkenden Luft der Metropolen des 18. und 19. Jahrhunderts bemerkten und auf die wir später noch genauer eingehen werden. In beiderlei Hinsicht, argumentiert der Kulturhistoriker Steven Connor, „ist sie unermesslich und sie ist unbrauchbar ... ein Nichts, aus den Augen, aus dem Sinn."[28] Luft ist paradoxerweise leicht zu vergessen oder zu ignorieren. Andererseits ist die Luft abhängig von dem Leben, das sie ermöglicht. Und die Tatsache, dass wir sie nutzen, verschmutzen, auslaugen und verschwenden, jedenfalls bis vor relativ kurzer Zeit, bedeutet, dass es möglich ist, recht bedeutende Verschiebungen und Veränderungen in den Anteilen eines Gases wie Kohlendioxid in unserer Luft nachzuverfolgen. Der starke vom Menschen verursachte Anstieg des Kohlendioxidanteils hat dazu geführt, dass unsere aktuelle geologische Epoche als „Anthropozän" bezeichnet wird (von *anthropos* = Mensch und *ceno* = neu).

Die nächsten Kapitel folgen diesen Themen, um Entdeckung, Erforschung, Manipulation und Ausdruck der Luft in einer Vielzahl verschiedener Zusammenhänge, Zeiten und Orte zu erkunden. Sie spiegeln die Lebhaftigkeit und Flüchtigkeit der Luft wider, ihre Weigerung, an einem Ort zu bleiben. Sie untersuchen, wie die Luft verblüffende wissenschaftliche Fragen aufwarf und wie sie uns dabei hilft, turbulente gesellschaftliche und wirtschaftliche Bedingungen zu verstehen.

OBEN W. Dent, *The Devonshire Aerial Yacht* (Die Luftyacht von Devonshire), 1784, Kaltnadelradierung

1 AUF DEM LUFTWEG

Es scheint, wir haben uns in die Lüfte geschwungen.[1]

Am 26. Oktober 1929 kam ein Mädchen in einem Flugzeug über Miami in Florida zur Welt. Die Geburt war kein Zufall. Dr. Thomas W. Evans und seine Frau Margaret D. Evans hatten eine Fokker Trimotor gechartert mit der Absicht, das erste „Luftbaby" zu bekommen. Beim Abflug vom ein Jahr alten Pan American Field (heute Miami International Airport) waren medizinisches Personal, ein Copilot und die Großmutter des Babys mütterlicherseits mit an Bord des Flugzeugs. Es kreiste während der Geburt, die zwanzig Minuten nach dem Start stattfand, in 365 Meter Höhe über dem Dade County Courthouse. Dann flog das Flugzeug mehrere Minuten lang über die Biscayne Bay, bevor es landete. Mutter und Baby wurden ins Krankenhaus gebracht. Das Mädchen bekam nicht den Namen „Airogene", „Biscayne", „Pan Skymiss", „Skylove" oder einen der vielen anderen Vorschläge der Gratulierenden an die Eltern. Stattdessen wählten sie „Airlene".[2]

Luft, schreibt die Philosophin Luce Irigaray, ist etwas, in das wir hineingeboren werden, auch wenn wir nicht an Bord eines Flugzeugs über Miami sind wie Airlene.[3] Bei der Geburt geben wir unseren ersten Laut von uns – den Schrei des Babys –, der natürlich ein Japsen nach Luft, nach Leben ist. Doch ab diesem Moment ist die Umwelt nicht mehr außerhalb von uns. Wir kommen an die Luft hinaus, greifen nach ihr und ziehen sie nach innen. Auf gewisse Weise schwingen wir uns in die Lüfte, sobald wir den Mutterleib verlassen.

Die ersten erfolgreichen Versuche, Menschen mit Motoren in die Luft aufsteigen zu lassen, machten sich die Vorstellung zunutze, dass wir einen ähnlichen Japser machen, wenn wir uns in die Lüfte schwingen – gleichzeitig eine Parole und vielleicht auch die Wiederherstellung einer Art von Bruch mit oder Trennung vom Boden. Diese Augenblicke des Aufstiegs wurden als metaphorischere Geburten verkauft als Airlenes buchstäbliche Geburt. Als gesellschaftlichen und spirituellen Aufstieg angesehen, sollte das Leben und Bewegen in der Luft eine neue, bessere Sorte Mensch erschaffen, moderne Luftbürger:innen der Zukunft, die das Versprechen der Luft ausleben.

Merkwürdigerweise erfuhr der Heißluftballon nie eine solche Bewunderung, auch wenn er viel früher in Großbritannien und Frankreich eine gewisse Art von

Manie auslöste. Im späten 18. Jahrhundert erfasste das Ballonfieber Europa. Die frühen Fahrten von Lunardi und Jean-Pierre Blanchard waren eine seltsame Mischung aus wissenschaftlichem Experiment und öffentlichem Spektakel. Ballons konnten Instrumente transportieren, mit denen sich Schichten der Atmosphäre vermessen ließen, die Entstehung von Wetter, die elektrischen Ladungen in den Wolken, Luftdruck und Temperatur. Blanchard erhielt bei seinen Experimenten Hilfe von Dr. John Jeffries, bekam aber auch staatliche Unterstützung durch Georgiana Cavendish, der Duchess von Devonshire. Georgiana finanzierte Blanchards Fahrt 1794 – das Jahr, in dem Priestley nach Amerika ging – vom Grosvenor Square in London aus. Der Ballon mit dem Spitznamen „Devonshire Aerial Yacht" fiel schnell dem Spott und der Karikatur anheim.

Es war weder das erste noch das letzte Mal, dass Georgiana mit Luft in Verbindung gebracht oder porträtiert wurde. Im selben Jahr malte Sir Joshua Reynold die Herzogin in seinem Bild als Gestalt, die aus dem Nebel geboren wird. 1783 verewigte Maria Cosway Gorgiana in einem Bild als Cynthia aus Spensers *The Faerie Queene* (dt. Die Feenkönigin). Aber vielleicht ähnelte sie auch der Göttin Diana, die über die Wolken und den Himmel herrschte. Wie die römische Göttin wird Georgiana zu einer Weiterentwicklung Dianas, *dium* und *dius,* Himmel und Licht.

Der Ballon wurde also mit der neuen Atmosphärenwissenschaft und einer manchmal eher zynischen Leidenschaft für alles, was aufstieg, assoziiert. Darüber hinaus war der Ballon eine recht gute Metapher für Schrullen. Ballons tauchen in vielen satirischen Drucken des späten 18. Jahrhunderts auf, als Vehikel für alles, das mit Humor oder Spott parodiert werden sollte – aufgeblasene Egos etwa, voll heißer Luft wie die Ballonhülle.

Das Flugzeug machte die Vorstellung, die Luft zu bewohnen, noch einmal interessanter. Aus der Sowjetunion sehen wir ein Bild von Stalin mit einem Kind in seinen Armen, einer Frau, die einen Säugling stillt, und zwischen den beiden drei Flugzeuge, die vom Himmel herabstoßen. In der Darstellung geht es um die nationale Gemeinschaft.[4] Es ist eine Beziehung, die durch das Mutterland, den Himmel und den Vater – Stalin – für „Leben und Gesundheit jedes Kindes" genährt wird.[5] Man könnte den Lichthof um Stalin und das Kind als Heiligen-

RECHTS Valentine Green nach Maria Cosway, *Portrait as Cynthia from Spenser's „The Faerie Queene"* (Porträt als Cynthia aus „The Faerie Queene" von Edmund Spenser), 1783, Kupferstich

OBEN Paul Sandby, *Coelum ipsum petimus Stultitia,* 1784, Radierung und Aquatinta

scheine sehen, die Flugzeuge als vom Himmel herabkommend und die stillende Frau als Verweis auf die Mutter oder Madonna, die die Nation nährt. Auch wenn in Russland Luft und Flugzeug mobilisiert wurden, um die Kirche zu ersetzen und vom Staat zu trennen, reproduzierte die Geburt des Flugzeugs dort unweigerlich den spirituellen Beiklang des Aufstiegs in den Himmel. Der erste Flug wurde manchmal als „Taufe" bezeichnet, eine Wiedergeburt vom Boden in die Luft.

Eine neue Begegnung von spiritueller Transzendenz erfolgte in der Kathedrale des Himmels. Das Fliegen wurde zum Ritual. In der Sowjetunion waren die Partei und ihr Anführer und nicht die orthodoxe Kirche die spirituelle Familie der Nation. „Lufttaufen" wurden von sowjetischen Fliegern auf dem Land vorgenommen und die Menschen damit aus ihrer vermeintlichen Lethargie, Unwissenheit und Armut geholt. Die Flieger hielten Reden über die Vorteile des Fliegens, verteilten Literatur und Informationen und ließen vor allem die Menschen aus der

Gegend an Bord, um ihnen das Flugzeug und die Luft zu zeigen. Es waren Konvertierungen, eine Metamorphose durch die Luft, nicht durch das Wasser. Bei der Lufttaufe *(vozdushnoje kreschtschenije)* wurde die bäuerliche Bevölkerung in den rationalen, wissenschaftlichen Raum der Technologie getaucht, damit sie sehen konnte, dass „es keinen Gott, keine Engel oder andere himmlische Geister im Himmel gab".[6] Die einst „Isolierten" und „Ungewaschenen" waren bei ihrer Rückkehr zum Boden „erstickt vor Glück" und teilten den Rausch eines weltlichen Erwachens.

In den USA war die Fliegerei etwas ganz anderes. Das Fliegen war die Nabelschnur zu dem, was Robert Corn das „geflügelte Evangelium" nannte, eine Verknüpfung des Fliegens mit spirituellen Themen in christlich-evangelikaler Tradition.[7] Alles, so schien es, war für die Luft bestimmt, vom Radio bis zum Hochhaus. Und in diesem Medium fanden sie eine neue Art von Begeisterung, eine „allgemeine spirituelle Energie".[8] Fliegen bedeutete, göttlich zu werden, den umfassenden Transport der Gesellschaft „in den Himmel". Aber wie das Evangelium musste das Fliegen verbreitet und vorangebracht werden. Amerika war erweckt worden, und Flieger wie Lindbergh verkörperten diese Sichtweise. Schneidig und heldenhaft landete Lindbergh am 21. Mai 1927 auf dem Flugplatz Le Bourget nahe Paris. Der „Galahad der Lüfte" strahlte ein stilles Selbstbewusstsein aus, eine Aura von Reserven, die es noch anzuzapfen galt. Schließlich wurden Figuren und Helden wie Lindbergh zu Vorbildern, mit denen die neuen Flugbegeisterten verglichen und nach denen sie geformt wurden.

In den USA fand die Flugbegeisterung wohl ihren leidenschaftlichsten Ausdruck. Für die und von den Jungen wurde die Begeisterung für das Fliegen sogar in andere technologische Initiativen eingebunden, die sich die ätherische Welt der Radiowellen zunutze machten, um das Evangelium zu verkünden. Auf den vier wichtigsten Radiostationen wurden in einer Reihe namens *Convention of the Air* („Luftkongress") Debatten ausgestrahlt. Eine der interessantesten brachte eine frühere Idee von Robert H. Hinckley, dem stellvertretenden Staatssekretär für Handel, wieder ins Gespräch, der die Bezeichnung *air conditioning* („Luftaufbereitung") übernommen hatte. Hinckley wollte die „Infiltration" der Luftfahrt und des Wissens über das Fliegen fördern und wie Priestley erkannte er, dass Luft sich in Dinge hineindrücken ließ. Luft konnte in einem anderen Subjekt und sogar in einem Lehrplan Form annehmen. Hinckley übte bereits großen Einfluss auf das Civilian Pilot Training Program aus, Amerikas umfassende Piloten-Rekrutierungmaßnahme, die 1938 begonnen wurde, und brachte mit Nachdruck Luftfahrtthemen in den Gesellschaftswissenschaften nach vorn. 1946 war er sogar Mitgründer des ABC-Rundfunknetzes, in dem sich das Thema Fliegen mit Radio und anderen Formen kulturellen Ausdrucks mischte, vor allem Jazz. Jazz verstärkte Stimmung, Gefühl und Rhythmus der religiösen Inbrunst und schwang sich genau zur richtigen Zeit in die Lüfte, als „Flugzeuge über den Himmel zogen und Gebäude mit den Wolken konkurrierten".[9]

N. L. Engelhardt, stellvertretender Superintendent für die Schulen in New York, war der Autor einer Rede, die Hinckleys Vorschlag aufnahm. Amerikas Schulsystem würde über die zufriedene „Nutzung der Luft allein zum Atmen" hinausgehen müssen, argumentierte er.[10] Die Welt, ihre Wissenschaften, Menschen und Politik, wurden in einer neuen luftigen Syntax erzählt. In der Grundschule lernten die Kinder alles über Vögel und Samen, während sie sich in der Mittelschule mit der Vorstellung beschäftigten, *in* der *Luft* zu leben statt *auf* der *Erde*. Sie sollten „für die Gesundheit tief atmen". Sie lernten in einem neuen Bildungsklima.

AERODYNAMISCH

Vor Lindbergh und den anderen Flugbegeisterten seiner Zeit kam der französische Wissenschaftler und Chronofotograf Étienne-Jules Marey, der für seine Durchbrüche bei den Bewegungsstudien mit anderen Koryphäen wie Eadweard Muybridge, Frederick Taylor und John und Lillian Gilbreth bekannt ist. Marey beschäftigte sich in den 1880er-Jahren intensiv mit den Bewegungen von Vögeln und Insekten. Seine Forschungen abstrahierten Bewegung zu einer Essenz reiner physikalischer Abläufe. In diesem Raum wurde die Bewegung diagnostiziert, kopiert, verbessert und implementiert. Dank seiner Untersuchungen, wie Tiere fliegen können, gelang es Marey, diese Bewegung mit einem Modell oder der Simulation eines Insekts nachzustellen. Später baute er einen Vogel nach und schließlich ein Flugzeug.

Als er 1871 die Bewegungsfotografie in der Analyse von Vögeln einsetzte, brachte das Marey in seinem Verständnis der physiologischen Attribute, die zum Fliegen notwendig waren, nicht weiter. Seine Abstraktionen konnten nur den Flug in winzige Bewegungen zerlegen. Seine neue Insektenflugmaschine mit Luftpumpenantrieb sollte das ändern. Nach zahlreichen Experimenten an den Insekten, die er in seinem Modell reproduzierte, konnte er die Frequenz nachweisen, in der Insekten mit den Flügeln schlagen – unglaubliche 390-mal pro Sekunde in einer schleifen- oder achterförmigen Bewegung.[11] Das Insekt war

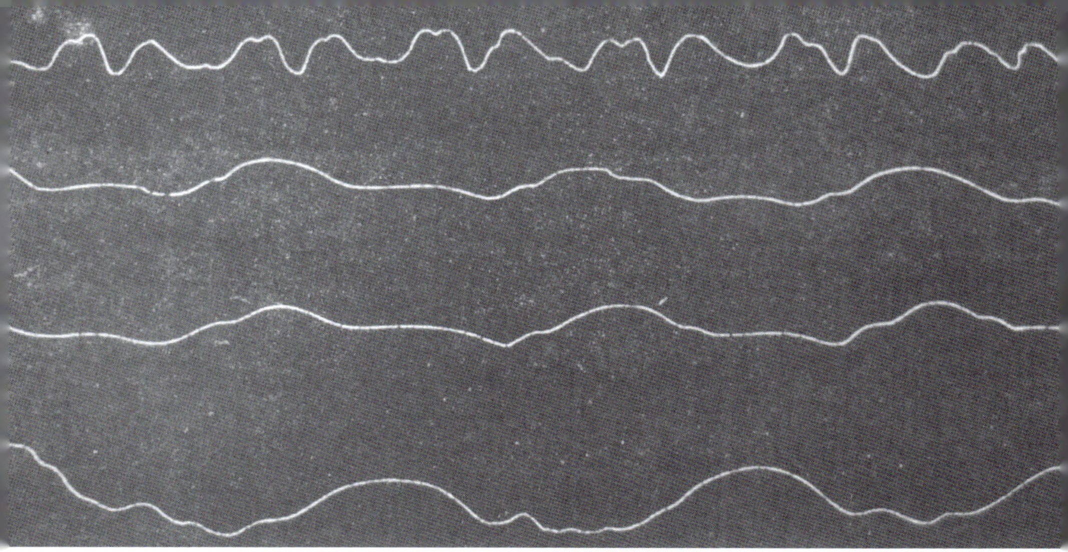

OBEN Étienne-Jules Marey, chronofotografische Spuren einer Ente, einer Eule, eines wilden Bussards und eines Mäusebussards, 1874

nicht die einzige Quelle dieser komplexen Bewegung. Die Insektenflügel nutzten nicht mehrere oder konkurrierende Muskelgruppen, sondern nur eine Bewegung zum Absenken des Flügels. Marey fand heraus, dass diese Muskelbewegung – die eine recht elegante, aber komplexe Flügelbewegung erzeugte – einer anderen Kraft unterliegen musste: Es war der Widerstand der Luft, der den Flügel aus seiner geradlinigen Aufwärts- und Abwärtsbewegung ablenkte.[12] Bei seinen Experimenten mit Vögeln band Marey sie an einer Apparatur fest. Am anderen Ende der Apparatur befand sich ein mechanischer Vogel, der von der Maschine angetrieben wurde und die Bewegung des echten Vogels emulierte. Durch die Verfolgung der Bewegung des Vogelflügels konnte der Apparat korrigiert werden, bis er den Bewegungen des echten Vogels präzise folgte.

Als die Luft sich als Widerstand offenbarte, brachte Marey seine Arbeiten zur Aerodynamik und Physiologie von Insekten und Vögeln in den visuellen Abstraktionen seiner Chronofotografie zusammen. Der perfekte Flugkörper wäre eine Maschine. Doch wie sollte er das Verhältnis zur Luft und ihrem Widerstand begreifen? Marey ging von der Mechanisierung fliegender Tiere und Insekten zum Einsatz von Rauch über. Indem er all seinen Einfallreichtum und sein Wissen einsetzte, um die ersten fotografierten aerodynamischen Tests zu entwickeln, mit deren Hilfe er in prachtvoll ästhetischen Abzügen die Bewegung von Rauch um Ballons, Flugzeuge und andere Objekte herum festhalten konnte, machte er die Luft sichtbar. Die Luft zu beschleunigen, um das Verhalten von Objekten in der Luft oder im Flug zu verstehen, war allerdings nicht Mareys geniale Idee. Frank H. Wenham, ein Mitglied der Aeronautical Society of Great Britain, entwarf 1871 den ersten Windkanal, durch den ein Ventilator mit Dampfantrieb Luft auf ein Modellflugzeug blies und damit den Flug des Modells und effektiv die Auswirkungen von Luftwiderstand und Auftrieb simulierte. Das 1915 gegründete amerikanische National Advisory Committee for Aeronautics (NACA, später NASA) entwickelte die britischen Ideen 1920 zu den vielen Versionen ihres „atmosphärischen Windkanals" in Langley Field in Virginia weiter. In den

UNTEN NACA-Windtunnel im Test in Langley (Virginia)

OBEN Der transsonische
Windkanal in Langley

zunehmend größeren Windkanälen wurde die Form von Flugzeugen an die Prinzipien der Luft in Bewegung angepasst.

Der Windkanal vertiefte das Verständnis der Aerodynamik und der Entwicklung der Tragfläche, doch was Marey zeigte, war noch ästhetischer: Er machte die Bewegung der Luft selbst sichtbar. Er zwang die Luft in einen Dampfstrom, der in Streifen vor einem schwarzen Hintergrund wie die „Saiten einer Leier" oder die gespannten „Saiten eines Klaviers" wirkte.[13] Widersprüchlicherweise half Mareys Arbeit zwar dabei, die überflüssigen oder ineffizienten Wirbel und Strömungen der Luft zu eliminieren, gleichzeitig hielten seine Rauchtests sie aber in den visuell atemberaubendsten und schönsten Bildern fest.

Der fliegende Körper musste sich an diese windschnittigen Bewegungsmodelle anpassen. Wie durch Filter geblasener Rauch musste er effizient, körperlich, zerebral, mitgezogen sein. Der abstrakte dreidimensionale Luftraum war der ideale Aussichtspunkt für die maskuline Kraft, den Blick über die „fruchtbare weibliche Erde“ schweifen zu lassen.[14] Selbst Pilotinnen wurde häufig ein ungewöhnlich hoher Grad an Maskulinität attestiert, etwa der fliegenden Legende Pancho Barnes.[15] Wer ein Flugzeug fliegen wollte, sollte selbst nahezu aerodynamisch sein, dazu athletisch und jugendlich. Mit ihrer „Aura der Unsterblichkeit“ führten Pilotinnen wie Stella Wolfe Murray den Evangeliumsmythos weiter. Sie waren „Luftmissionarinnen“, die das Evangelium des Fliegens und das Evangelium „durch das Fliegen“ verbreiteten.

Wie die USA schöpften Deutschland und Russland ihre Erfahrungen aus einem landwirtschaftlichen und ländlichen Ideal. Während Amerikas Städte die Fliegerei als eine Form des bürgerlichen Aufschwungs betrachteten, wie es auch Russland tat, war in der deutschen Luftfahrtbewegung eine nicht geringe Verachtung für die Städte verbreitet, für den Berliner Sumpf und den Materialismus des modernen Lebens. Die Segelflugbewegung war sicherlich Deutschlands Antwort auf Amerikas Evangelium. Segelfliegen wurde bald weithin „als patriotische Deklaration des Glaubens betrachtet“.[16] Die Entdeckung der Thermik in den späten 1920er-Jahren führte zu einer neuen Vorstellung des Himmels, in den plötzlich die Topografien gewaltiger Kamine graviert waren – warme aufsteigende Luft, die ein Segelflugzeug höher brachte. In der Rhön fanden sich am Wochenende Tausende junger Menschen in Segelflugvereinen zusammen und sangen gemeinsam am Lagerfeuer. Mit ihren sicheren, schwieligen, hart arbeitenden Händen schienen die jungen Segelgleiterinnen und Segelgleiter Deutschlands Selbstbewusstsein zu verkörpern, einen Glauben an die Luft und ihre Zukunft.

ABSTURZ ODER SCHNELLE LUFT

Harvey Hanford wurde reingelegt. Er wurde verprügelt, in Handschellen gelegt und gefesselt. Im Stummfilm *The Grim Game* (1919) von Paramount Artcraft entkommt der junge Harvey Hanford aus dem Gefängnis, einer Bärenfalle und der Gewalt der Entführer seiner Frau. Im Finale des Films rasen Harvey und seine Frau in einem Doppeldecker gerade außerhalb der Reichweite ihrer Verfolger dahin – eine angemessene Flucht durch die Luft und im Kontrast zu den Werbeplakaten für den Film, auf denen zahlreiche uniformierte Angehörige des Militärs versuchen, Harvey festzuhalten. In der Schlussszene hängt Harvey an einem Seil zwischen zwei Doppeldeckern. Die Flugzeuge stoßen zusammen und eins stürzt ab. Nur der Zusammenstoß war echt, der Absturz war nur vor-

OBEN Harry Houdini in *The Grim Game,* 1919

getäuscht. Der Film verbindet durch recht überzeugende Schnitte die reale Kollision der Flugzeuge mit einer inszenierten Sequenz eines Flugzeugs, das mit der Nase voran mitten in einer Kleinstadt abstürzt. Das Flugzeug wird beim Aufprall zerdellt und dreht sich auf den Rücken, bevor ein Staubsturm unter ihm hervorquillt und Szene und Publikum einhüllt. Dann wird Harvey eingeblendet, der überlebt hat – wie ein Zauberer, der im Schutz des Rauchs seine Tricks vollführt. Hier sind einige Filmtricks am Werk, selbst noch in dieser späten Szene des Films. Harvey Hanford wurde von Harry Houdini gespielt und der Film sollte ihn eigentlich nur berühmter machen. Houdinis Stunts und Tollkühnheit wurden ausgeschlachtet, um für den Film Werbung zu machen – ebenso aber auch der Zusammenstoß in der Luft, denn die Werbekampagne behauptete, das alles sei echt gewesen.

Das Fliegen schenkte uns eine neue Art, unser Verhältnis zur Luft auszudrücken. Es konnte den festen Halt auf dem Boden „verflüssigen" und dennoch die Luft irgendwie etwas greifbarer machen. Antoine de Saint-Exupéry beschreibt den Moment, in dem seine Figur Bernis in *Südkurier* sein Flugzeug startet. Der

Wind der Propeller versetzt das Gras hinter ihm in Bewegung „wie einen Fluss", beim Abheben dehnt und verzerrt sich der Boden. Die Luft ist „zunächst ungreifbar, dann flüssig und nun fest", das Flugzeug findet Halt und steigt auf.[17] Alles wird wässrig. Bernis hängt im Raum, surft auf den Wogen der Luftströmungen wie auf einer Welle. Er stützt sich auf die Wellen, bewegt sich auf ihnen auf und ab wie in einem Boot und wird schließlich fortgeschwemmt. Beim „Ansaugen von Luft" und beim Streben nach Luft geht es nicht um die Abwesenheit von Luft wie in einem Vakuum. Für die italienischen Futuristen bedeutete es Entleerung und Reinigung. Filippo Marinetti, eine zentrale Figur des italienischen Futurismus, spürte seine Brust „sich öffnen wie ein großes Loch, durch das glatt, frisch und sintflutartig das ganze Blau des Himmels köstlich fiel" und seine erdgebundenen Leidenschaften und Gedanken mit sich riss.[18] Sich in die Lüfte zu schwingen, gleicht der Flucht in eine bessere, sauberere, reinere, beschleunigte Welt.

Auf diese Weise in die Luft gebracht zu werden, ist kein passiver, sondern ein absichtlicher Vorgang. Im Großbritannien der 1930er-Jahre flitzten Frischluft-Begeisterte Hügel hinauf, wanderten und durchmaßen die Landschaft, wie David Matless erklärt.[19] Vielleicht konnte der Wind sie reinigen, formen und retten, noch bevor sie den Boden verließen. Der Zivilluftfahrtdirektor Sefton Brancker verfasste 1920 eine merkwürdige Botschaft an die Rekruten des Royal Air Force College in Cranwell in Lincolnshire. In der Collegezeitschrift berichtete er von einem Traum, den er einmal von seinen „Vorfahren der Lüfte" gehabt hatte. Er war ein Stammesangehöriger gewesen, der versuchte, über eine Schlucht zu springen, doch es sah so aus, als würde er es nicht schaffen. Dann fuhr ein Windstoß unter seinen Mantel und brachte ihn in Sicherheit. „Ich rieb mir die Augen. Das Cricketspiel lief immer noch. Das College war immer noch hinter mir. Ich lag still im langen Gras. Ich stand auf und ging zum Tee in die Messe hinüber."[20]

In Cranwell raste auch T. E. Lawrence als Gefreiter T. E. Shaw mit seinem Motorrad, einer Brough Superior SS100, durch Lincolnshire. Über die schnurgeraden Straßen durch das Hügelland flogen er und sein Motorrad wie ein Geschoss. Die Bewegung wurde zum Schwirren. Die Räder hoben „auf der Kuppe jeder Steigung vom Boden ab" wie bei einem Flugzeug.[21] Lawrence verschmolz geradezu mit seinem Gefährt und betrachtete es als „logische Erweiterung unserer Fähigkeiten und eine Andeutung von, eine Provokation zur Ausschweifung, die es mit seiner honiggleichen, unermüdlichen Geschmeidigkeit vermittelte". Lawrence forderte ein Bristol-Kampfflugzeug zu einem Wettrennen auf gerader Strecke bis zum Flugplatz heraus, das er offenbar gewann.

Cranwells Klima ist ideal dafür, ein Ökosystem der Luftfahrtbegeisterung hervorzubringen, die sich in jedem Winkel und auf den Exerzierplätzen wiederfindet. Der Hangar hatte einen „ganz eigenen Geruch“ nach „Öl, Aceton und heißem Metall“. In der Sonne steht er durch das Licht in Flammen, im Sturm erwacht er mit zitternden Toren zum Leben. Der Wind rattert durch seine vielen Löcher und über die unebenen Flächen, sodass die Konstruktion zu einer Art von Holz-Wind-Metall-Instrument wird, das „jede hohe Note der Tonleiter herauskreischt und dabei tanzende Staubteufel vom Boden aufwirbelt. Kreisch, bumm.“[22]

Lawrence sieht klare Unterschiede zwischen seinen Ausbildern, die aus einem früheren Zeitalter des Kriegshandwerks stammten. Zuerst wehren sich Lawrence und seine Kollegen gegen das, was er als das „Gas des Militarismus“ beschreibt, „mit dem man uns anatmet“, aber sein Widerstand hält nicht stand. Der schwergewichtige Flight Commander Tim führt und inspiriert, er ist ein „Barometer“, das „das Flugwetter“ mit dem „aufregendsten Klima der Welt“ festlegt. Beim Fahnenappell können sie sich des Triumphalismus und der Handlungsaufforderung des Trompetenklangs nicht entziehen. Der Schall, so Lawrence, fährt durch sie hindurch wie Luft,

> „so fest wir unsere Poren auch verschließen. Die Erregung außerordentlicher Schärfe erobert uns in Klingen, Lauten, Geschmäckern ... Man stelle sich einen kräftigen Wind vor, und nasses frühes Sonnenlicht, das unseren Schatten auf dem geteerten Boden genau das gleiche Blau verleiht wie unserer Kleidung.“[23]

Die Rekruten genießen es, ihren Körper beim Exerzieren nur zum Vergnügen „auszuhecheln“, die verbrauchte Luft auszustoßen wie in einer Vorwegnahme des zukünftigen Düsentriebwerks. Frank Whittles Erfindung wird durch das Einziehen und Ausstoßen von Luft durch die Rekruten symbolisiert.

HOCH IN DER LUFT

Die Beschleunigung durch die Luft erfüllte das futuristische Verlangen nach Geschwindigkeit, Wind und Hochgefühl. Das Fliegen, das Lawrence schließlich tötete, als er von seinem Motorrad abstürzte, war natürlich Marinettis Antrieb, sein Absturz eine Offenbarung. Als er nach einem Sturz in den Graben schlammbedeckt und mit dem Mund voller Erde wieder aufstand, war das für Marinetti das Leben, das genossen werden musste.[24] Der Antrieb schien darin zu bestehen, die ruhige Luft in Bewegung zu bringen. Was wäre, wenn man in sie eindringen, durch sie hindurchflitzen konnte? Die futuristische *Aeropittura,* die Flugmalerei, versuchte genau das mit Bildern zu erreichen, wie etwa Tullio Crali in seinem *Aerocaggia I* (1938). Thomas Pynchons Figur Kit fasst diesen Reiz in Worte, als ihr Flugzeug im Sturzflug die Perspektive einnimmt, die Crali wiedergab. Auf dem Weg in Richtung Hölle porträtierte der Futurismus „reine Geschwindigkeit. Die Einbettung des Todes in etwas, das sonst nur ein Fahrgeschäft wäre".[25] Einige wollten die Luft zu etwas Zugänglicherem, Dauerhafterem und Unvergänglichem verfestigen. In der Literatur ging Saint-Exupéry beispielsweise allmählich von dem, was er als „übertrieben" und „hochtrabend" betrachtete, zu einem schwereren, weniger dunstigen Stil über, weg von den eher impressionistischen Vorstellungen, die wie bei Monet und Carlo de Fornaro aus der Luft eine Hülle machten, eine weiche, polsternde Membran, durch die man die Welt wahrnahm.

Eine solche Stabilität klingt kontraintuitiv. Selbst der Heißluftballon, der im Raum hängend unaufhaltsam weitertreibt, war oft verankert. Öffentliche Fahrten waren seit dem Ballonfieber der späten 1780er-Jahre ein häufiges Freizeitvergnügen. Das viktorianische Publikum reckte bei solchen Demonstrationen derart eifrig die Köpfe,[26] dass sie einen „Luftfahrthals" davontrugen: Nackenschmerzen durch das stundenlange Hinaufstarren in den Himmel, mit großen oder zusammengekniffenen Augen, um entfernte Flugobjekte gegen die Wolken oder die gleißende Sonne auszumachen.[27] Das überall öffentlich ausgestellte Flugzeug war sicherlich eine ganz andere Verkörperung des Ballons, aber vielleicht stand der Wolkenkratzer ja irgendwo dazwischen? Der Wolkenkratzer könnte eine

RECHTS Carlo de Furnaro: *America's Tallest Tower, Plus Some Temperament* (Amerikas höchster Turm mit etwas Stimmung), 1914, fotomechanischer Druck

FORNARO.
N.Y. 1914

OBEN Camille Grávis: *Captive Balloon with Clock Face and Bell, Floating above the Eiffel Tower, Paris, France* (Fesselballon mit Ziffernblatt und Glocke, über dem Eiffelturm in Paris schwebend), um 1880, Aquarell mit Graphitunterzeichnung dauerhafte Ankerlinie vom Ballon zum Boden symbolisieren. Die Bewegung des Ballons scheint nicht ekstatisch zu sein, auch nicht notwendigerweise aufstrebend oder ängstigend. Sie ist eher kontemplativ und „größtenteils still". Diese Eigenschaft hatte zur Folge, dass der Ballon zum wichtigen Aktivposten in der Kriegsführung wurde, erstmals vielleicht 1794, als die französische Revolutionsarmee sich im belgischen Fleurius einer Koalition von österreichischen und niederländischen Truppen gegenübersah. Der Wissenschaftler Jean-Marie-Joseph Coutelle ließ die *Entreprenant* aufsteigen, um sich einen Überblick über das Schlachtfeld zu verschaffen. Trotz der relativen Stabilität des Ballons wirkten diese schwebenden Formen – im Krieg jedenfalls – aus der Ferne furchterregend.[28]

Während Lawrences Motorrad die stehende, langsame Luft beiseitefegte, baute die Architektur über sie und in sie hinein. Le Corbusier und Bel Geddes, beide durch den Flug inspiriert, führten eine architektonische Ästhetik ein, die nie zum Boden unter ihr zurückkehrte. Dieses Design erhob sich über das Elend der Städte und zeichnete ihre sozialen Makel weich.[29] Das Leben in der Luft erschien als moderne vertikale Fantasie, die sich später zu den klimatisierten Vorstädten der Nachkriegszeit verflachen sollte.

Noch höher als die neuen Wolkenkratzer der Neuen Welt strebte Paris mit einem wahrhaft luftigen Monument. Der Eiffelturm, gebaut für die Pariser Weltausstellung 1889, griff auf die Materialien und Technologien zurück, die Amerikas Kolonisierung des Luftraums auszeichnen sollten. Ohne die rechten Winkel der Wolkenkratzer setzte der Turm einen stilvollen Akzent. Die geschwungenen Beine machten es den Aufzugfirmen nahezu unmöglich, ihre Fahrstühle zu installieren; unter ihnen befand sich auch das berühmte Unternehmen Otis, das Eiffel schließlich beauftragte. Für eine amerikanische Journalistin war der Turm „ausgesprochen französisch. Er wirft dir eine Kusshand zu. Wenn man ihn beschreiben will, dann als leicht, luftig, flüchtig. Er wirkt sogar geradezu spritzig."[30] Ohne die Möglichkeit eines Vergleichs fiel es den Kommentierenden schwer, angemessene Metaphern für den Anblick zu finden. Die Luft auf seinen oberen Plattformen betrachtete man als „erfrischend" und gesund und immer wieder kamen Schiffsbilder zum Einsatz. *Le Figaro* verglich die Struktur mit einer Stadt, die in der Takelage eines gewaltigen Dampfschiffs hängt. Die Windböen kamen frisch und scharf wie auf dem Meer und durch die Eisenstangen wirkte der Himmel fast wie der endlose Ozean.[31]

Eiffel selbst jedoch erkannte, wie der Turm den Forschenden der Welt dabei helfen würde, mehr Wissen über die Luft zu sammeln.[32] Das konnten in seinen

OBEN Der Eiffelturm zieht elektrische Atmosphären an, 2011

RECHTS Thomas Alva Edison und Adolphe Salles auf einem Balkon des Eiffelturms, 1889

Augen die Mechanismen „atmosphärischer Strömungen“ sein, die „chemische Zusammensetzung der Atmosphäre“, die Temperaturunterschiede in verschiedenen Höhen und eine Reihe unterschiedlicher Experimente, die wegen der schlechten Luftqualität oder tief liegenden Dunstes am Boden sonst nicht möglich wären, darunter auch ein Windkanal. Paul Langevin, der spätere Liebhaber von Marie Curie, erklomm den Turm, um elektrische Experimente an der Atmosphäre durchzuführen. Selbst präzise kalibrierte Funksignale wurden von der Spitze des Turms übertragen, um die Auswirkungen der Atmosphäre auf Radiowellen zu untersuchen.

Etwas früher waren Luft und vertikales Leben unter weniger Lärm unter der Erde zusammengekommen, und zwar als Birdsill Hollys Dampfheizungssystem in New York. 1881 ließ Holly den ersten Dampfheizkörper patentieren, auf den eine Reihe weiterer Neuerungen folgte, als er mit seinem Dampfheizungssystem für die Innenstadt von Manhattan Fortschritte machte. Das System wurde von einem großen Boiler gespeist und von einem 64 Meter hohen geraden Schorn-

stein von 9,75 Metern Durchmesser an der Ecke Courtland und Washington Street gekrönt. 1882 wurde er zum neuen Wahrzeichen von New York und die Vorübergehenden bestaunten die Arbeiter, die wie Fliegen am Turm hinaufkletterten, um ihn fertigzustellen.

Die spätere New York Steam Company versorgte New Yorks Wolkenkratzer und Wohnhäuser mit Wärme und Strom über ein unterirdisches Netzwerk aus Rohren, die den Dampf in einen Bienenstock aus Geschäften, Fabriken und Wohnungen leiteten. Konnte es unbemerkt geblieben sein, dass dieselbe kraftgeladene Luft, die die transatlantischen Wanderungen mithilfe der Dampfschiffe

LINKS Alexandre Gustave Eiffels Luftlabor und Windkanal auf dem Champ de Mars, Paris, 1910

RECHTS Die New Yorker Dampfheizung

beschleunigte, jetzt die Kolonialisierung des Himmels möglich machte? Vom Empire State Building, Chrysler und Tudor City bis Radio City am Rockefeller Center versprach die Dampfwärme alle Vorteile eines Lebens in der Luft. Keine Kesselanlagen, keine Schornsteine, kein Schmutz und keine Abgase trübten die Vision der Stadtplanung von Luft und Sonnenschein. Dampfheizung bedeutete Dampfbügeln und Dampfdruckmaschinen für die Zeitungsverlage in den Hochhäusern und die Versorgung des neuen Rockefeller Plaza.

Die atmosphärischen Veränderungen in New York gingen nicht ohne Zwischenfälle vonstatten, da die Dampfheizung als unerträgliches Ärgernis galt, auch wenn sie für viele andere, selbst die Armen der Stadt, ein Segen war. Das unterirdische Manhattan wurde regelmäßig in den oft disruptiven Baustellen freigelegt. „Wem gehört der Broadway eigentlich? Der New York Steam Company oder der Stadt New York?", rief ein wütender, schwitzender New Yorker 1889 aus, der durch die Wartung einer Dampfleitung in eine feuchte Wolke gehüllt

LINKS Eytinge Soloman, *The Hearth-stone of the Poor – Waste Steam Not Wasted* (Die Kaminplatte der Armen – Abdampf, nicht verschwendet), 1876, Holzstich

OBEN Die meteorologische Ausrüstung in der Wetterstation auf dem Eiffelturm, 1900

wurde.[33] Aus Gullideckeln aufsteigende Dampfwolken schufen eine besondere Atmosphäre, während die Heißwasserrohre gelegentlich leckten oder mit kaltem Wasser aus kaputten Wasserrohren in Kontakt kamen, das dann zischend verdampfte. Manchmal entstand auf der Straße durch heiße Luftstöße ein Geysir, der bis zu fünf Stockwerke hoch in die Luft schoss, Gullideckel abhob und in Tropfen und Matschklumpen wieder hinabfiel. Risse und Spalten öffneten sich auf den Gehwegen, die sich vulkangleich hochwölbten und aufblähten, während Nebel die Straße verschleierte.

1927 kehrte Lindbergh triumphierend in diese Stadt zurück, nachdem er erfolgreich den Atlantik überquert hatte. Er wurde mit einer Konfettiparade empfangen, die als „Schneesturm von Manhattan" in die Geschichte einging. Als Konfetti dienten lange, schmale Papierstreifen, auf die der Börsenticker sonst telegrafierte Aktienquoten druckte. Manhattans Straßen wurden regelmäßig zu Schluchten voller Menschen, Luft und Papier, während die Luftströme zwischen den Gebäuden in Augenblicken öffentlichen Jubels und Hochgefühls Strudel und Aufwinde erzeugten.

Die Papierstreifen, die aus den Fenstern stürzten, verhielten sich etwa so wie Mareys sich kräuselnde Dampffäden. Fast 4,5 Millionen Menschen kamen auf die Insel und es wurden 1800 Tonnen Papierstreifen bereitgestellt. Gedämpft fiel das Licht durch das flatternde Papier, das zu Boden sank. Es war ein Schneesturm des Triumphalismus, der technologischen Moderne und der Erfüllung des

STOCK EXCHANGE

OBEN Lindberghs Konfettiparade, 1927

amerikanischen Luftfahrtschicksals, der den Fortschritt des Lebens auf der Erde prophezeite. Natürlich durchbrach der Börsencrash von 1929 diese inflationäre Geste, die zum Teil aus den Abfällen (den Tickerstreifen) der New Yorker Finanzwelt entstand.

Diese vertikalen, traumähnlichen Fantasien, greifbar für diejenigen in größerer Höhe, waren ein Spiegelbild des sich wandelnden Verständnisses des geistigen Innenlebens. Manhattans Flugbegeisterte, Wolkenkratzer und moderne Lufttechnik wurden zum passenderen Modell eher für das jamessche als für das freudsche Unterbewusstsein. Von den beiden befand sich Freud in der Innenwelt seines dunklen Arbeitszimmers voller Bücher und James im Klassenraum,

LINKS *The Humors of the Presidential Campaign in New York City* (Stimmung beim Präsidentschaftswahlkampf in New York City), 1888, Holzstich aus dem Fenster sehend. Amerikas neues Luftleben war eine „Art von draußen", ein offener Raum, in den es sich auszuweiten galt. William James hielt vor dem Ende des Jahrhunderts eine Reihe von Vorträgen mit dem Titel „Vorträge für Studenten zu den Idealen des Lebens". In seinem Essay *On a Certain Blindness in Human Beings* („Über eine gewisse Blindheit der Menschen") vermittelte James keine sentimentale Botschaft, sondern stimmte eher ein Klagelied darüber an, dass sich die Werte der Mittelschicht seiner Meinung nach um materialistische und konsumorientierte Ziele drehten.[34] Mit einem Zitat von Robert Louis Stevenson drängte James sein Publikum, nicht

> „die persönliche Poesie [aufzugeben], die verzauberte Atmosphäre, den Regenbogen der Fantasie, der das Nackte kleidet und das Einfache zu veredeln scheint; in jedem [dieser Bücher] ist das Leben tot wie Teig, statt wie ein Ballon in die Farben des Sonnenuntergangs aufzusteigen; jedes ist wahr, jedes unvorstellbar."

„Die Freude zu versäumen, heißt alles zu versäumen", erinnert uns James. Dennoch geht es bei dieser metaphorischen Aufwärtsbewegung nicht um das eilige Streben in die Welt. James meinte vielmehr, dass die Psyche die Welt und ihre Wunder, Ballons, Regenbögen willkommen heißen muss – die einfachsten und überflüssigsten Dinge. Die Luft, schreibt Ann Douglas, „war nicht ausgeschlossen, sondern hereingelassen worden".[35] Von der Perspektive des Wolkenkratzers aus und im Selbstbewusstsein des architektonischen Modernismus sollte man die Fenster und Türen aufreißen.

2 EIN ÜBERSCHUSS AN LUFT

Hässlich, faulig, schmutzig wirkt die Luft auf alle Menschen.[1]

Eine Geschichte der Luft muss unweigerlich eine Geschichte von Begegnungen mit Unterschieden sein. Erschwert wurde das Verständnis der Luft zum Beispiel durch ihre fehlende Einheitlichkeit. Manchmal war Luft heiß, manchmal kalt; manchmal war sie Heilmittel, manchmal Gift. Die Säftelehre spielte hier eine Vorreiterrolle, wie schon bei Hippokrates und seiner ungesunden Luft. Joseph Priestley trug zur Entwicklung der Theorie bei, indem er die „Güte der Luft" benannte und damit die Eigenschaften von Luft mit der Tugend in Zusammenhang brachte. Verdorbene Luft (der der Sauerstoff entzogen worden war) konnte potenziell wiederhergestellt und damit wieder atembar und „tugendhaft" gemacht werden, wie Priestley von 1774 bis 1799 in einer Reihe von Experimenten untersuchte. In England, Frankreich und Italien wurde eine Vielzahl von Technologien entwickelt. Das Eudiometer war die Erfindung des Italieners Marsilio Landriani, Professor für experimentelle Physik an der Scuole Palatine in Mailand. In seinen 1775 veröffentlichten *Ricerche fisiche intorno alla salubrità dell' aria* (dt. *Physikalische Untersuchungen über die Gesundheit der Luft,* 1778) entwickelte Landriani sowohl die Geräte als auch die Theorie von Priestleys ursprünglichen Beobachtungen weiter. Sein Eudiometer, abgeleitet vom griechischen *eudios* („Güte der Luft"), konnte den Grad der Atembarkeit eines Klimas bestimmen und damit seinen Einfluss auf den Körper. Von seiner eigenen Erfindung inspiriert, kündigte er an, dass dies eine neue Disziplin begründen könnte, die Luftmedizin.[2] Doch die Divination der Luftgüte sollte bald davon ausgeschlossen werden.[3]

Durch die Entwicklung einer quantitativen Methode zur objektiven Messung der Luft untersuchte Alessandro Volta mit seiner Verbrennungstechnik später die relative Entflammbarkeit von Luft und half so, die Heilsamkeit und „Tugendhaftigkeit" der Luft von der Frage zu trennen, ob es tatsächlich schädlich war, sie zu atmen. Volta, der seine Forschungen hauptsächlich in Frankreich und Italien durchführte, sammelte Sumpfluft von verrottender Materie am Grund von

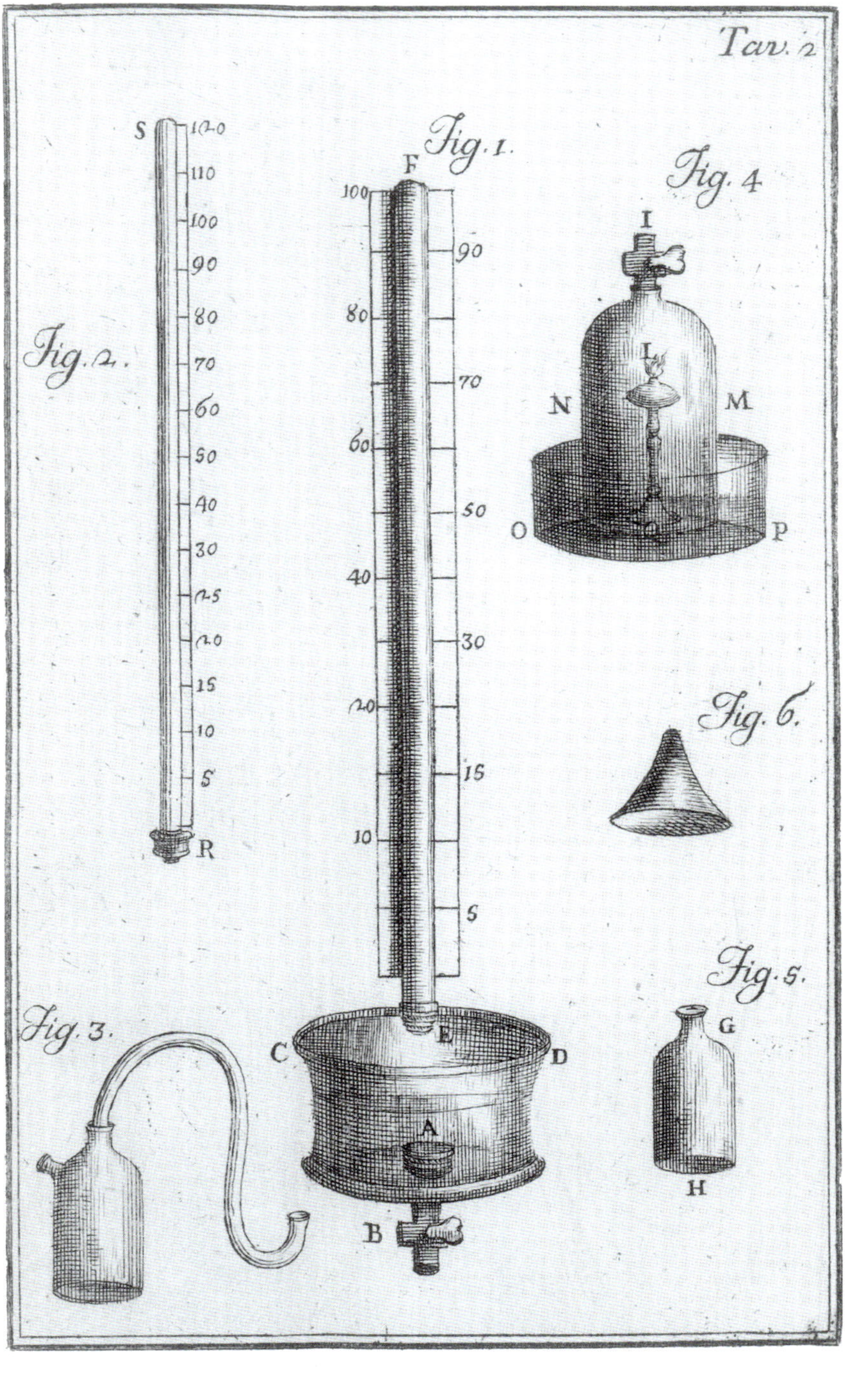
Tav. 2
Fig. 1.
Fig. 2.
Fig. 3.
Fig. 4
Fig. 5.
Fig. 6.
S
R
F
E
C
D
A
B
I
L
N
M
O
P
G
H

Gräben und des Comer Sees. Am Grund des Sees fing Volta die Gase mit einem umgedrehten Glasgefäß ein. Mit seinem modifizierten Eudiometer leitete er anschließend einen Strom durch die Gase, um sie zu entzünden, und bestimmte dann das verbliebene Material. Auf der Grundlage von Voltas Erkenntnissen schrieb der portugiesische Wissenschaftler Jean-Hyacinth Magellan 1783 an Priestley und erklärte: „Ich bin nicht der Meinung, dass wir durch eudiometrische Experimente alle schlechten Eigenschaften der Atmosphäre entdecken können, sondern nur die ihrer Phlogistierung." Einfach gesagt, das Eudiometer konnte kein Urteil über die Moral und die spirituelle Gesundheit von Luft fällen.

UNGESUND URBAN

Bis zu diesem Punkt hatte die Säftelehre viele Interpretationen der Stadtluft dominiert. Die vielleicht bemerkenswerteste ist John Evelyns *Fumifugium* (1661), eine Warnung vor der „ungesunden Luft" von Whitehall, die die Gesundheit von London und seiner Menschen bedrohte, die gezwungen waren, „nur unreinen und dicken Nebel" zu atmen, „begleitet von einem rußigen, schmutzigen Dampf, der sie anfällig für tausend Unannehmlichkeiten macht, ihre Lungen verdirbt" und ihre Körper. Dr. Thomas Tryon äußerte sich 1668 ähnlich über die „feuchte Luft" von London, „wo verschiedene Arten von Schmutz und Unreinheit sich anhäufen", und zwar in einem Maße, dass sie die Menschen innerlich aufwühlen. Die Luft sei „gefüllt mit unreinen, ekelhaften Dämpfen mit schädlichen Eigenschaften". Die Stadt des 17. Jahrhunderts ließ sich am besten mit den Worten für eine übelriechende Atmosphäre beschreiben. Bestimmte Arten von Luft implizierten unmoralisches Verhalten, Lasterhaftigkeit, Prostitution, Bestechung, Diebstahl und Gerüchte. Letztendlich waren Gestank, „Sex und Ruß" die Marker einer verschmutzten Stadt und der verseuchenden Degeneration der Bevölkerung.[4] Im 18. Jahrhundert wurde der ländliche Raum immer mehr zur Idylle stilisiert – der Philanthrop Jonas Hanway idealisierte das Land, wo man „die köstliche Luft einsaugen kann". Land und Landhäuser wurden zum Gegenpol der Stagnation der Stadt und ihrer gefährlichen Luft. John Constables Studien von Landschaften, Wolken und Himmel spiegelten einander in der romantischen und doch nahezu wissenschaftlichen Präzision, mit der er Wetter und Landleben ausdrückte.

LINKS Marsilio Landriani, Eudiometer, 1775

OBEN John Constable, *Study of Clouds above a Wide Landscape* (Studie: Wolken über weiter Landschaft), 1830, Bleistift und Aquarell auf geripptem Papier

Paris erlebte seinen eigenen „Großen Gestank", als „Tod in der Luft lag und sie nach Exkrementen roch".[5] Die Öffentlichkeit schrie: „Die Gerüche sind wirklich unerträglich"; „So etwas haben wir noch nie gesehen!"; „Das kann so nicht weitergehen!", und die Wissenschaft stimmte zu.[6] Obwohl sich die Verantwortlichkeit des Staats für die sanitären Anlagen von der humoralen und pneumatologischen Sorge um Tugend oder Unzuträglichkeit in Richtung Keimtheorie verlagerte, waren in den 1850er-Jahren in den hartnäckigen Miasma-Theorien immer noch galenische Einflüsse zu spüren. Miasmen boten eine Erklärung für die Verbreitung von Krankheiten und Seuchen über die Luft, die bis in die Köpfe von Reformatoren des öffentlichen Gesundheitswesens wie Edwin Chadwick in London vordrang. Die Miasma-Theorie hatte in Europa das Verständnis

OBEN Paul Fürst, *Doctor Schnabel von Rom,* 1656, Kupferstich der Übertragung der Pest durch „verdorbene Luft" über den spanischen muslimischen Arzt Jacme d'Agramont und den italienischen Akademiker Gentile da Foligno geprägt, der im 14. Jahrhundert die Abhandlung *Consilium contra pestilentiam* schrieb. Laut Foligno verbreitete verdorbene Luft die Pest, indem sie andere Körper immer wieder durch die Inhalation und die spätere Exhalation giftiger Dämpfe infizierte, die später auch als „Pestsaat" bezeichnet wurden. Trotz der vorherrschenden Vorstellung einer kosmischen oder göttlichen Ursache für die Pest brachte Foligno vor, dass Erdbeben, Erdstöße und verschiedene andere Erdbewegungen verdorbene Luft aus Höhlen und Luftblasen in der Erde freisetzen könnten, und wies darauf hin, dass Italien einige Monate vor der Pest 1347 von einem Erdbeben heimgesucht worden war. Diese Vorstellungen manifestierten sich im Bild des Pestdoktors und seiner Maske – ein Schnabel, der gegen das Miasma mit aromatischen Gewürzen gefüllt war. Trotz aller Fortschritte galten Krankheiten weiterhin als an die Luft und damit an Gestank gebunden. Für den viktorianischen Reformator Chadwick bedeutete „jeder Gestank Krankheit".[7]

Im Paris des 18. Jahrhunderts bedrohte die gänzlich kontaminierte und nicht atembare Luft die biologische Zukunft der lokalen Bevölkerung und damit auch der Nation selbst. Die Ansichten waren besonders moralisierend. Die Kommentare aus der armen französischen Stadtbevölkerung verwiesen auf viele verschiedene Arten schlechter Luft: „abgestandener, ekelerregender Geruch, [der] leicht beißende Geruch von Unflat, Müllgeruch, Körpergeruch etc. etc."[8] In diesen Gestank hinein wurde Jean-Baptiste Grenouille geboren, die abscheuliche fiktionale Hauptfigur in Patrick Süskinds *Das Parfum.*[9] Grenouille verkörpert alles, was mit der verdorbenen Pariser Luft nicht stimmte.[10] Er wurde am übelriechendsten Ort von allen geboren oder geworfen, wo der Gestank fast zähflüssig war – er wurde „gedrückt", lag „bleiern" in den Gassen. Und in dieser Hinsicht gräbt Süskind die Art von moralischer und medizinischer Sorge um die Luft aus, dass sie „verdorben" und „Unheil verkündend" sei.[11]

Während Frauen dem Geruchssinn, dem niedrigsten aller Sinne, zugeneigt waren, waren es Männer wie Grenouille, die wiederum sie erschnüffelten. Sein Verstand war ein perfekter Katalog, ein riesiger Kosmos aus Kästen und Räumen für das Kaleidoskop aus verschiedenen Gerüchen, Parfüms und einem Universum von Duftkombinationen. Es war der Ort, an dem die Frauen oder Mädchen, die er so sorgfältig umbrachte, archiviert, katalogisiert und in Besitz genommen wurden. Ähnlich einem Eudiometer war Grenouilles Nase das Instrument seiner Augen und Vorstellungskraft. Grenouilles offenkundiger Hunger nach der Luft, die er sammelte, war von Geburt an ein gieriges Tier. Denken wir nur an die Szene, in der Pater Terrier Grenouille – damals noch ein Baby – beim Aufwachen beobachtet:

> „Es erwachte zuerst mit der Nase. Die winzige Nase bewegte sich, sie zog sich nach oben und schnupperte. Sie sog die Luft ein und schnaubte sie in kurzen Stößen aus ... Terrier hatte das sehr sonderbare Gefühl, als sei dieses Ziel er, seine Person, Terrier selbst. Die winzigen Nasenflügel um die zwei winzigen Löcher mitten im Gesicht des Kindes blähten sich wie eine aufgehende Blüte ... Es war Terrier, als sehe ihn das Kind mit seinen Nüstern, als sehe es ihn scharf und prüfend an, durchdringender, als man es mit den Augen könnte ... Selbst durch seine Haut schien es hindurchzuriechen, in sein Innerstes hinein. Die zartesten Gefühle, die schmutzigsten Gedanken lagen bloß vor dieser gierigen kleinen Nase."[12]

UNTEN Samuel Bough, *View of a Manufacturing Town* (Blick auf eine Industriestadt), 1886, Aquarell

Während Terrier erschauderte, als Grenouille sich bis in seine Seele hineinschnüffelte, wurde dieselbe gierige Wachsamkeit wieder auf die Stadt gerichtet, deren Luft eine potenzielle Suspension von Körperausdünstungen war, die urbanen Straßen fast eine innere Kammer beängstigender Kompositionen aus Rauch, Ölen und Dämpfen, Ausdünstungen, Vergärungen und Miasmen.

„‚Staub?‘, fragte Margarethe forschend.

‚Staub‘, wiederholte Bessy. ‚Kleine Fäschen, wie sie von der Baumwolle herumfliegen, wenn diese gereinigt wird, und die die Luft anfüllen, bis sie wie weißer Staub aussieht. Man sagt, es setze sich fest um die Lungen und verstopfe sie. Sei's, wie's wolle, es gibt manchen, der auf einen Wollkrämpelsaale arbeitet und in eine Abzehrung fällt, wo er hustet und Blut ausspeit, weil er eben auch vergiftet ist.‘“[13]

In den Darstellungen der Industrie im Norden Großbritanniens durch Autorinnen und Autoren wie Elizabeth Gaskell und Charles Dickens wird der Staub in der erstickenden Luft von Gaskells „Darkshire“ (als Vertretung der Baumwoll- und Textilindustrie im britischen Lancashire) sichtbar gemacht und wird zu etwas Luftigem und Giftigen. In der extremen Hitze und Feuchtigkeit in den Spinnereien erzeugt der schwebende Baumwollstaub eine bedrohliche Atmosphäre für die Gesundheit der Bevölkerung. Die miasmatischen, räumlichen Ansteckungsmetaphern der Fabrik greifen, als die Luft zum offensichtlichen Kennzeichen für die Commoditisierung des Körpers und seiner durch das Kapital „ausgeschwitzten“ Arbeit wird. Für Friedrich Engels, dessen Untersuchungen 1844 veröffentlicht wurden, ist diese Luft nur für eine „degradierte“ Klasse zu ertragen. Die Luft ist „schlecht“, „verpestet“, „pestilenzialisch; eine „wie absichtlich eingesperrte“ Atmosphäre, die die Armen in Bedingungen zwingt, die man „nicht begreifen“ kann.[14]

Engels erkennt, dass die Fabrik die allerschlimmste Atmosphäre erzeugt, wo die Luft von den integralen Ungleichheiten des kapitalistischen Systems erfüllt ist. Die Arbeiter:innen sind von den übelsten Auswüchsen schlechter Luft und Abfällen umgeben und werden so in einen Teufelskreis gezwungen, der sie ständig „zum tollsten Übermaß“ reizt „in den beiden einzigen Genüssen, die ihnen zu Gebote stehen“: Sex und Alkohol. In den industriellen Umgebungen der Baumwollimperien von Lancashire in Großbritannien und Massachusetts in den USA sowie der umfangreichen Einrichtung von Baumwollspinnereien in Mumbai trieb Dampf nicht nur die Maschinen an, sondern verringerte auch das Reißen der Fäden. Leider erzeugte er auch eine erdrückend schwüle Atmosphäre und war ein idealer Nährboden für die Ausbreitung und Übertragung von Krankheiten. Auch das sogenannte Schiffchenküssen – das Ansaugen des Baumwollfadens durch das Loch im Weberschiffchen – verursachte zahlreiche Atemwegserkrankungen wie Byssinose. Die Webenden „küssten" das Schiffchen bis zu 300-mal pro Tag. Neben der schlechten Belüftung wurden diese Bedingungen erst verbessert, als Fabrikinspektoren gegen Ende des Jahrhunderts Gesetze für die öffentliche Gesundheit anwenden konnten.

Die Anspielung auf das „Küssen" des Weberschiffchens passte zu anderen Andeutungen über die Fabrikluft. In den 1840er-Jahren argumentierte die Factory Commission („Fabrik-Kommission") in Großbritannien, die hohen Temperaturen in den Spinnereien sorgten für eine so ungesunde Umgebung, dass geradezu tropische Bedingungen herrschten. Diese Luft, so glaubte man, wirkte sich durch „ihre aufgeheizte Atmosphäre" körperlich und moralisch degenerativ auf die Arbeitenden aus.[15] Im offiziellen Bericht ist die heiße Luft verantwortlich für die Ausbrüche moralischer und sozialer Verfehlungen und führte zur frühen sexuellen Entwicklung der weiblichen Bevölkerung. In der tropischen Luft setzte die Pubertät angeblich durch die atmosphärischen „Erregungen" ein. Ohne Kontrolle durch Moral und gesellschaftliche Disziplin musste das „unweigerlich zum Ultimatum des Verlangens" führen.

Auf dem Land war die Belüftung einfach. In ihren Straßen, Fabriken und Häusern schien die Stadt auf gefährliche Weise unbekömmliche, ungesunde Luft zu sammeln. Schlechte Luft war gefangen und ebenso die Menschen in dieser eingesperrten urbanen Luft: „Wie ist es möglich, dass unter solchen Umständen die ärmere Klasse gesund sein und lange leben kann?", rief Engels aus. Die wahrscheinlichen Ergebnisse waren Elend und erhöhte Sterblichkeit und „geschwächt durch schlechte Luft" fiel die arbeitende Bevölkerung leicht den Versuchungen durch Trunkenheit und Ausschweifungen anheim. War es sogar möglich, dass die ganze Stadt sich auf die Temperaturen ihrer Fabriken erhitzte?

Luke Howard fand in seinen Forschungen zur städtischen Atmosphäre Belege für etwas, das wir heute „Wärmeinseln" nennen würden oder „Stadthindernisschicht".[16] Howard entdeckte, dass eine Stadt wie London „übermäßige" Temperaturen aufwies, und nahm an, dass sich das auf die Ansammlungen von Menschen und Industrieanlagen zurückführen ließe, die – wie fleißige Bienen – Luft und Gase in die Stadt abgaben, aus Feuern und Schornsteinen, etwa in Gießereien und Brauereien. Howard meinte, dass diese Ausdünstungen im

Winter das wärmere Klima in der Stadt im Vergleich zum Umland verursachen könnten und im Sommer die überschüssige Wärme, die nicht in den Himmel abgestrahlt wurde.

LUFT UND ORIENTALISMUS

Weil seine Hütte heißer ist als ein Brennofen, treibt es Rudyard Kipling hinaus in die „stinkende Nachtluft", die „fast kühl" scheint. *The City of Dreadful Night* ist eine höchst atmosphärische Geschichte: „Wir keuchen in der Luft, die keine Luft ist, wir verzehren uns nach dem flüchtigen Hauch der Morgendämmerung." Seine Erzählung spiegelt das miasmatische und krankheitsbeladene Bild der verschmutzten Stadtluft in Europa wider, verstärkt in dieser noch unsichereren Atmosphäre der Kolonialstadt, die nach London, Lancashire oder Paris versetzt zu sein scheint. Die Nacht in Kiplings Geschichte ist „dicht und schmierig", eine Fläche gleitender und „sich wälzender" Ungeheuerlichkeiten und Laster, wo alles „eingesperrt" ist. Sein Gang durch Kalkutta ist unmöglich, ohne „Dreck zu begegnen"; die Luft der Mietskasernen fühlt sich „schwer" an, mit einem „schwachen sauren Gestank". Gerüche und abscheuliche Atmosphären gehen an Kipling nicht vorbei. Tatsächlich scheint diese schlechte Luft ein Bild für etwas unter der Oberfläche zu sein, für etwas Tieferliegendes, eine Beschreibung des Gesundheitszustands der Stadt, die an Kastenkriegen und religiöser Sektiererei krankt. Die Unzufriedenheit der Bevölkerung ist mit sanitären Einrichtungen, Stadtplanung und den Strapazen der Kolonialregierung verbunden. Für Kipling ist die Luft die „Essenz lange vernachlässigter Scheußlichkeiten", die allmählich faulig und übelriechend geworden sind und dringender Behandlung bedürfen.

Wohl mehr als alles andere markiert die Luft unsere Ankunft an einem fremden Ort, einer merklich anderen Umgebung, vielleicht eine Möglichkeit für Reisende, „ihr tiefes Unbehagen zu konkretisieren – das Gefühl, dass alles um sie herum, alles durchdringend, Andersartigkeit war."[17] Klassische Reiseberichte und anthropologische Abhandlungen über koloniale Reisen gehören zu den besten Beispielen für das fremdartige Gefühl von Luft und wiederholen immer wieder das Motiv der Ankunft und Verunsicherung. In der Reiseliteratur des 19. Jahrhunderts machen europäische Sichtweisen die Luft durchgehend auf eine bestimmte Weise fühlbar. Indien besteht aus „Hitze und Staub" und Menschenmengen. Unter der britischen Kolonialherrschaft charakterisierte die Luft sogar die Ungleichheiten eines Kastensystems, das schmutzige Luft einer Unterkaste zuschrieb. Schlechte Luft bedeutete im Allgemeinen Exkremente und durch die Brille kolonialer und klassistischer Grenzen schien es, als würde sich „überall" entleert.[18] Luft wird als Fieber und Stagnation ausgedrückt, in ihr verschmelzen der aufkommende wissenschaftliche Diskurs über die Verbreitung von Krankheiten, gesellschaftliche Haltungen zu Moral, Sexualität und Geschlecht und eine ängstliche Kolonialherrschaft, die über Regierungsmaßnahmen für den Umgang mit Gesundheit, Hygiene und Chaos des öffentlichen Lebens nachgrübelte. Die Feindseligkeit oder genauer gesagt die Blindheit gegenüber den Armen der Städte ist ein Problem, das wir später wieder aufgreifen werden. Tatsächlich half die Luft den Reisenden nicht unbedingt dabei zu verstehen, was die unangenehme Atmosphäre überhaupt erzeugt hatte.

Auf den Märkten von Kairo oder Bagdad der 1850er-Jahre gab es Basare und Cafés mit einer für westliche Reisende unvertrauten Atmosphäre. Die Luft war verführerisch und faszinierend. Während man 1832 in europäischen Zeitungen von Madras Brahmin liest, der schwebend „in der Luft saß", beunruhigt die Luft der orientalischen Stadt seine Gäste beim Kontakt, wenn der Nervenkitzel der dampfenden Luft zu einer ungesunden, unzuträglichen Gefahr wird. Mit diesen Begriffen wurde vor allem Kairo ausführlich in Fin-de-Siècle-Reiseberichten beschrieben. De Guervilles Beschreibung seiner Besuche in dem Land 1905 in *New Egypt* illustrieren vollendet ein hektisches „Hin und Her" zwischen den verführerischen Wirkungen der Luft, die ihn rasch anwidern.[19] Eine wichtige Begegnung hier ist das Zusammentreffen von Luft und Geschlecht, denn nichts beeinflusste eine orientalische Atmosphäre so sehr wie eine Frau. In Gustave Flauberts detaillierten Beschreibungen von Prostituierten durchdringen Bewegungen, Hüften, Schweiß, Parfüm, Haare und Stimmen von Frauen die orientalische Luft. Jean-Léon Gérômes *Der Tanz der Almeh* von 1863 ist eine klassische Darstellung, in der viel von dem Verlangen und der Sexualität zum Ausdruck kommt, mit der zur damaligen Zeit die Wahrnehmung der orientalischen Atmosphäre häufig beschrieben wurde. Bauchtänzerinnen bewegen sich mit anzüglicher Erregung, kreisend, „ihr Fleisch zitternd, der Duft ihrer Körper in der Luft, ihre schrillen Schreie eins werdend mit der wilden Musik". De Guervilles Beschreibung bezieht sich auf eine reale Begegnung. Er war von einem Eselbauern in ein Haus in der Nähe des Marktes geführt worden und saß auf einem kleinen Hocker in einem Zimmer, das von zwei rauchigen Lampen erhellt wurde. Bezaubert von drei Frauen, die „vortraten, sich zurückzogen, wiederkamen", war er bald „überwältigt".[20]

OBEN Jean-Léon Gérôme, *Der Tanz der Almeh,* 1863, Radierung

In diesen frühen Reiseberichten war die Luft eine Projektion, eine geografische Vorstellung des Weitentfernten, die sich in Text oder Bild für die Betrachtung in London oder Paris materialisierte, wo Charles Baudelaire den Sog einer nach Verlangen duftenden Luft spürt, die als weiblich ersehnt wird. Des „heißen Busens Duft" erquickt ihn und er fühlt sich „an wunderbarem Strand [...] zu Gast".[21] Der exotische Duft führt ihn wie eine Hand sanft ziehend vorwärts; „vom grünen Tamarindengang entschwebt ein Duft", dringt ihm „in die Nüster" und steigt ihm zu Kopf. Der aufreizenden Luft des Orients ist vielleicht nicht ganz zu trauen, beinahe wie dem Ruf der Harpyie. In „Das Haar" wird aus wallendem Haar eine atmosphärische Mischung aus Luft, Parfüm, Geist und gefährlicher Verführung. „Eine Hemisphäre im Haar" ist ein anderer Titel eins seiner Prosagedichte, die er 1869 unter dem Titel *Petits poèmes en prose* (dt. *Kleine Gedichte in Prosa*) veröffentlichte. Wie das luftige Haar in *Die Blumen des Bösen* zementiert er hier das Gefühl, dass der ätherische Duft ein transportierter Bewegungsraum ist. Wie auf einem Schiff wird man darin „zauberhaften Himmelsstrichen" entgegengetragen, „wo die Ferne tiefer und blauer ist, wo die Lüfte [...] durchduftet sind".[22]

OBEN Daniel Gardner, *The Three Witches from Macbeth* (Die drei Hexen aus Macbeth), 1775, Gouache und Kreide

Stark symbolträchtige Beschreibungen von Frauen waren in Europa nichts Neues. Die Figur der Hexe in der Geschichte ist hier sehr aufschlussreich, weil sie in andere geschlechtsspezifische Vorstellungen von Sprache und Geruch eingebettet ist. Eine Hexe überschreitet Grenzen, ihre Sprache drückt Gedanken und Gefühle aus, die im Gegensatz zur „Enthaltsamkeit vom Sprechen" standen, die für Frauen als schicklicher galt.[23] Hexen verführten mit ihren melodischen Worten, verursachten aber auch Schwierigkeiten. Sie verfügten über einen guten Geruchssinn, wie jeder weiß, der sich mit der germanischen Geschichtentradition auskennt, die beispielsweise von Roald Dahl in beträchtlichem Umfang wieder aufgenommen wurde. Weil in ihren Kesseln Flüssigkeiten brodelten und dampften, glaubte man, dass Hexen üble Gerüche aussandten, mit denen sie ihre Umgebung und die Menschen in der Nähe vergifteten. Sogar die Elemente sollten sie angeblich kontrollieren können. Die Hexe scheint das „sensorische Gegenteil" der Heiligen zu sein, die durch Fasten und Zölibat zurückgehalten wird, während die Hexe nach Autorität und sündiger Maßlosigkeit strebt.

Eine weitere Karikatur stellt Georgiana, die Duchess von Devonshire, als Hexe dar, die aus der Luft herabstößt – als eine der drei Hexen aus *Macbeth,* zusammen mit ihren prominenten Freundinnen Elizabeth Lamb und Anne Seymor Damer in einem 1775 entstandenen Gemälde von Daniel Gardner. Vielleicht singen sie dabei auch die Zeilen der drei alten Weiber: „Schön ist hässlich, hässlich schön: Schwebt durch Dunst und Nebelhöhn!"

Im 19. Jahrhundert kühlt die sinnliche Erregbarkeit durch die neue Luft in den Reiseberichten bald ab. Selbst de Guervilles Bericht bescheinigt den Körpern orientalischer Frauen in Kairo zwar einen „angenehmen Eindruck", aber nur einen vorübergehenden, als Ausnahme von ihrer üblichen abstoßenden Nacktheit. Woanders beschreibt er einen weiblichen „Berg" auf einem Esel, der unter ihrem „Fleisch" verschwindet.

Das Interessanteste an Eustace Reynolds-Balls berühmter Kairo-Beschreibung von 1857 ist wohl, wie er mehrere wichtige Mischungen der Atmosphäre der Stadt untersucht, vergleichbar mit Walter Benjamins Beschwörung einer Aura. Er analysiert die Vorstellungen der bauchtanzenden Ghawazi in örtlichen Cafés, ein „Substrat orientalischen Lebens und orientalischer Atmosphäre", entstanden aus dem „endlosen Kreisen einer kräftigen jungen Frau von unscheinbarem Aussehen". Die Bewegungen der Tänzerin wiederholen sich endlos und ermüdend, bis ein anderes Mädchen, das dieselben Bewegungen vollführt, schließlich ihren Platz einnimmt.[24]

Reynolds-Ball hebt die Bemühungen der Künstlerinnen hervor, den Ort in das Produkt zu integrieren, doch er kann nicht anders, als die Atmosphäre der Orte mit den ersten Werken zu vergleichen, die aus dem Orient kamen, etwa mit *Tausendundeine Nacht.* Unter dem Einfluss westlicher Mediation und Intervention konnten die „örtliche Färbung und Atmosphäre" von Kairo durch „geschäftstüchtige Griechen und Levantiner" nur ruiniert werden, die die Ghawazi-Tänze für europäische Gäste organisierten und ein gewöhnliches Schauspiel daraus machten, das auch in jedem Café in Antwerpen oder Amsterdam hätte stattfinden können.

Den örtlichen Künstlerinnen fehlte die Eignung für alles „Bemerkenswerte", jede „Originalität" oder „Frische", argumentierte er. Wie Benjamins Beschreibung des „Funkens des Zufalls", des „magischen Werts" einer authentischen Präsenz, werden die positiven Werte der orientalischen Luft oder Aura durch ihre Reproduktion und den Verlust der Originalität als abnehmend betrachtet. Reisende wie Ball, die die „Bildausstellungen" von Kairos Innenräumen und Straßenszenen kannten, waren enttäuscht von der nur „schwachen Andeutung einer orientalischen Atmosphäre" in der „schmerzhaft modern wirkenden Stadt", die als jede andere hätte durchgehen können. „Etwas an ihnen", schreibt er, sei aufgegeben worden.[25]

Diese Gefühle galten nicht nur Frauen mit verführerisch tanzenden Körpern, sondern auch Männern. Constance Gordon-Cumming fängt etwas von diesem Gefühl von Ehrfurcht und Abscheu ein, das die „schwitzenden, schäumenden und schmutzigen Körper" der wirbelnden Derwische auslösen, die ihr begegnen. In ihrer Beschreibung schwankt die Gruppe hin und her, vor und zurück, mit wiegenden Körpern und laut stöhnend. Und dann, plötzlich, „mit heftigen, krampfartigen Zuckungen", werfen die Männer sich „vor und zurück, sie berühren den Boden mit den Händen und ihr wild zerzaustes Haar streift unsere Gesichter".[26] Reynolds-Ball nimmt die wirbelnden Derwische anders wahr; für ihn hat ihre Bewegung „den Anschein echter Mystik" und später „den Anschein des Wunder-Sehers".[27] Etwas passiert im turbulenten Raum zwischen Derwisch und Publikum, als sei eine Droge im Spiel.

Zweifellos ist Reynolds-Ball ein kleinlicher Kontrolleur der atmosphärischen Zauber und Frevel Kairos, aber vergessen wir nicht, dass er zu diesem Zeitpunkt schon ein angesehener Experte für Luft und ihre Moral und physiologische Zuträglichkeit war. Er war bekannt für seine Arbeiten über die Kurorte Europas und vielleicht ist der Anfang von *The city of the caliphs* ein ebenso guter Indikator wie jede seiner Sorgen um gesunde Luft. Die ersten Zeilen seines Buchs beschreiben Kairos Auftreten aus *Tausendundeiner Nacht:* „weich – seine Düfte sind süßer als Adlerholz und erfreuen das Herz."[28]

DIE LUFT DIESER SCHRECKLICHEN NACHT

> Die Luft dieser schrecklichen Nacht, die Nacht des Giftes
> Als die Todeshändler unser schuldloses Volk plünderten
> Husten, Kreischen, Heulen, Schreie ...[29]

Wurde die Luft im 19. Jahrhundert als gefährlicher und ansteckender Strom von Unzuträglichkeit, Krankheit und Unmoral erforscht, so ist die Luft des 20. Jahrhunderts vielleicht durch eine noch größere Unsicherheit gekennzeichnet. Rataful Hussainis Gedicht beschwört eine Begegnung im indischen Bhopal herauf, wo 1984 die Menschen nach einem giftigen Gasaustritt in Panik geraten, als sie die Wolke zu spüren beginnen. In Don DeLillos *Weißes Rauschen* scheint die Erscheinung der toxischen Wolke, die nach einem Chemieunfall entstand, eine Unsicherheit zu bezeichnen, eine Unwirklichkeit, in der Jack Gladney sich wiederfindet, eine Mehrdeutigkeit, die sich mit und in der sich voranwälzenden Wolkenstruktur und den langfristigen gesundheitlichen Auswirkungen des Kontakts mit ihr bewegt.

Die Gladneys begegnen ihr und überraschenderweise ist sie nun fast greifbar, nicht länger ein Gerücht; die Wolke hat eine schwarze, bedrohliche Form angenommen. Die Fahrzeuginsassen reagieren körperlich, indem sie ihre Hälse verrenken, um eine bessere Sicht zu erhaschen.[30] Das Ereignis wird vorübergehend in den hellen Strahlen der Militärhubschrauber erfasst, deren kräftige Leuchten kleine Sonnen auf die dunkle Form werfen. Die Wolke, verfolgt vom Militär und den Autoinsassen, steckt voller Chemikalien, aber niemand weiß, welche das sind. Die Evakuierung der Stadt ist spektakulär, Teil eines „überwältigenden Vorgangs", eine Szene, wie „Menschen, die mit ihren Kindern, Lebensmitteln, Besitztümern über die verschneite Überführung stapften, eine tragische Armee der Enteigneten".[31]

Jenseits von Körpersäften, Miasmen und Keimtheorien zielen die Bhopal-Katastrophe und DeLillos Beschreibung eines Gaslecks in *Weißes Rauschen* auf die Komplexität einer widerspenstigen Luft ab, überschießend und unkontrollierbar. Hussaini schrieb über den schlimmsten Chemieunfall der Geschichte, der vielen Schätzungen zufolge 3000 bis 12 000 Menschen tötete – und in der dicht bevölkerten Stadt Bhopal über eine halbe Million Verletzte hinterließ. Aus der Chemiefabrik des amerikanischen Unternehmens Union Carbide, das seine „widerlichen Anlagen“ nicht vor die Tore der Stadt verlegen wollte, entwich nach einer Funktionsstörung eine giftige Gaswolke, die sich in den umliegenden Gebieten und Gemeinden verbreitete. In *Weißes Rauschen* stehen wir einer Realität gegenüber, die mit einer Welt des wissenschaftlichen Modellierens verschmilzt – mit Simulationen, die den tatsächlichen Geschehnissen nicht ganz folgen können, sowie mit Praktiken der Datenanpassung und der Berücksichtigung unbekannter Variablen und Unwägbarkeiten. Das Problem bei beiden Ereignissen, dem fiktiven in *Weißes Rauschen* wie dem schrecklich realen, besteht darin, dass es unglaublich schwierig ist, die Komplexitäten und Auswirkungen der Luft zu greifen. In diesen Zusammenhängen ähnelt die Luft etwas, was in der Militärtheorie als „Nebel“ des Krieges beschrieben wurde. Nehmen wir nur Carl von Clausewitz’ Metapher von der Luft als brechendem Medium, das Informationen verzerrt und Fehler verstärkt.[32] In *Weißes Rauschen* versucht Jack, Antworten vom Rettungsdienst zu bekommen. „Und wie läuft’s?“, fragt Jack. „Die Einsatzkurve verläuft nicht so glatt, wie wir sie gern hätten. Es gibt einen Wahrscheinlichkeitsüberschuss“, antwortet der Mann.[33]

Was bedeutet es, zu viel Wahrscheinlichkeit zu haben? Wie kann es davon zu viel geben? Toxische Luft drückt sich in *Weisses Rauschen* in der undurchdringlichen Sprache und den Praktiken des SIMUVAK (einer Organisation, die sich auf simulierte Evakuierungen spezialisiert hat) aus. Jack ist sowohl den Giftstoffen als auch den Statistiken der Wissenschaft zu stark ausgesetzt. Er erzeugt „große Zahlen“; der Wissenschaftler erklärt, er bekäme „Zahlen in Klammern mit pulsierenden Sternchen“. „Was bedeutet das?“, fragt Jack. „Besser, Sie erfahren’s gar nicht“, antwortet der Wissenschaftler.[34]

Auch die Bhopal-Katastrophe zeichnete sich durch diese Art von Flüchtigkeit aus. Die Situation hängt noch in der Luft, die Bevölkerung befindet sich in einem Dauerzustand von Verwirrung und Angespanntheit. Einige hatten beim Aufwachen einen seltsamen Geruch bemerkt und dachten zunächst, die Nachbarn verbrannten Chilischoten; doch sie wussten, dass etwas anders war, vielleicht etwas nicht stimmte. Bald fiel ihnen das Atmen schwer. Manche flohen rasch, aber da es keine Evakuierungspläne oder auch nur Informationen gab, liefen viele einfach direkt ins Gas oder neben ihm her statt von ihm weg. Für Kim Fortun, die sich bemühte, die Katastrophe in ihrem ganzen Ausmaß und ihren rechtlichen Auswirkungen zu verstehen, war die Luft eine passende Metapher für die Vernebelung der Ereignisse und Verantwortlichkeiten. Bald schien Bhopal

जापानीतेल
TATA HITACHI
जापानीतेल

„eher wie ein Wirbelwind – ein Strudel, erzeugt durch gegensätzliche Strömungen, die alles in eine Aufwärtsspirale zogen – und die Gasopfer befanden sich im Sturmzentrum“.[35]

Das Unternehmen, das für das Leck verantwortlich war, gehörte zur Hälfte dem amerikanischen Unternehmen Union Carbide Limited, zu 22 Prozent der indischen Regierung und den Rest hielten indische Einzelpersonen, was die Schuldzuweisungen zu einem munteren Spiel ausarten ließ. Union Carbide Limited behauptete, dass eine Einzelperson die Fabrik sabotiert hätte, was die Verantwortung für den Zwischenfall der Kontrolle des Unternehmens entriss. Tatsächlich war es die Stimmung unter den Mitarbeitenden, die Union Carbide Limited in einem Forschungsbericht von 1988 als Beweis für diese Sabotage anführte. Ein wichtiger Zeuge, der im Beweisabschnitt dieses Berichts angeführt wurde, war ein Beschäftigter, der eine „gespannte Atmosphäre“ zwischen den Angestellten direkt nach dem Leck bemerkt hatte und „damit ‚bestätigte‘, dass alle Beschäftigten vor Ort an einer konspirativen Vertuschung beteiligt waren“.[36] Der Verfasser des Berichts zeichnete mehrere Kreise auf seiner schematischen Darstellung der Rohrkonfiguration in der Fabrik von Bhopal und insbesondere um die Verbindungen zu einem Sammelbehälter. Die Visualisierungsstrategie besteht in einer kreisförmigen Abgrenzung. Der Wissenschaftler leitet die wahrscheinliche Kausalität der Ereignisse ab, die dazu führten, dass die Chemikalien in die Atmosphäre gelangten, und grenzt die vermutliche Ursache auf ein oder zwei verärgerte Angestellte ein.

2007 führte die Künstlerin kanarinka ein Experiment durch, das man wohl mit Fug und Recht als seltsam bezeichnen könnte. Sie joggte alle Evakuierungsrouten von Boston ab und brauchte dafür 154 000 Atemzüge, die sie in 26 Läufen aufzeichnete. Das Evakuierungssystem war 2006 im Rahmen einer städtischen Kampagne zur Vorbereitung auf potenzielle Bedrohungen wie Schneestürme, Terrorereignisse, Hurrikans, Infrastrukturausfälle oder Feuer eingerichtet worden. In dem Versuch, die „Furcht“ einzufangen, die die Bereitschaftskampagne mit sich brachte, sammelte kanarinka ihre Atemzüge in einem bildnerischen Archiv des Atems, bestehend aus 26 Schraubgläsern, einem für jeden ihrer Läufe entlang der Evakuierungsroute. Ein Lautsprecher in jedem Glas spielte die aufgenommenen Atemzüge ab. Man könnte kanarinkas Archiv als eine Erweiterung der Bibliothek der Pariser Luft bezeichnen, die

LINKS Das Mahnmal in Bhopal, 2009

OBEN David Gissen, *Reconstruction of Midtown Manhattan* (Umbau von Midtown Manhattan), 2002

Marcel Duchamp 1919 mit seinen *50 cc air de Paris* andeutete, die vermutlich die kollektiven Atemzüge und Ausdünstungen enthielt, aus denen die Pariser Atmosphäre bestand. Diese Sammlungen liefern uns daher das Konzept einer Lösung für ein historisches Problem. Denn sofern wir keine globale Luft-Bibliothek haben, wie können wir dann wirklich wissen, wie die Luft einmal war? Wie können wir die Gerüche und das Gefühl der Luft der Vergangenheit, voll mit unseren Stimmungen, unseren Reden und dem Essensgeruch in unserem Atem, den flüchtigen Sinneseindrücken der Luft, erhalten? Der Stadtökologie-Historiker David Gissen hat ein geniales, spekulatives Eiskernarchiv für Stadtluft vorgeschlagen, genauer gesagt für die Luft von Manhattan, dessen Ingenieure unglaublich fleißig immer neue Ideen für Indoor-Natur zum Trost, für den Eskapismus und als Zufluchtsort umsetzten.[37] Gissens Produkt ist eine Abwandlung der ehrgeizigen Bollman-Karte der Gebäude der Stadt aus den 1950er-Jahren, die sich senkrecht in den Himmel erheben, indem es die

UNTEN *An Archive of Breaths,* 2008, Audioskulptur

Gebäude fast wie Eiskerne darstellt. Gissen fängt Manhattans umfangreiche Innenlufterzeugung und damit den Energieverbrauch als übereinandergestapelte Volumen künstlich erzeugten Wetters ein.

3 WIEDERHERSTELLUNG

> Diese Frische ist die wahre stärkende Eigenschaft der Luft, die das Atmen zur Freude macht, die bewegungslose Luft dynamisiert.[1]

Ein Mädchen sitzt auf dem Boden, während der Tag vor ihren Augen vergeht und die Sonne langsam hinter dem Berg versinkt. Die Gipfel erwachen zum Leben, als sie im Sonnenuntergang aufleuchten, das Gras färbt sich golden, die Felsen über ihr strahlen, schimmern fast. Das Mädchen springt auf und ruft nach seinem Freund Peter. Die Sone geht unter und im Handumdrehen ist das Licht verloschen und das Rosa der Felsen wird zu Grau. Heidi lässt sich auf den Boden fallen und sieht unglücklich aus.

Dieses Unglück des Augenblicks verwandelt sich in Verzweiflung, als sie von Tante Dete zu einer reichen Familie nach Frankfurt gebracht wird. Heidi soll Gesellschafterin für Klara sein, die Tochter der Familie, die im Rollstuhl sitzt. Fernab der Berge verzweifelt Heidi. Sie fühlt sich wie eine Gefangene. Wie ein Vogel im Käfig kann sie den Himmel nicht sehen und darf die Fenster nicht öffnen, um die Luft zu riechen. Es gibt keine Berge, Blumen oder Schnee in der Stadt; Kleinigkeiten, die sie an die Alpen erinnern, bringen sie zum Weinen und schließlich wird sie krank. Zum Glück für Heidi hat der Familienarzt Verständnis für sie. Seine einzige Verordnung besteht darin, sie in die Bergluft zurückzubringen, die sie heilen würde. Pulver und Pillen können ihr nicht helfen, die „Bergluft, aus der sie kommt", muss dem Kind wiedergegeben werden, damit es seine Gesundheit zurückerlangt.

Als Heidi zurückkehrt und wieder einen Sonnenuntergang erlebt, nimmt sie die Atmosphäre der Berge anders wahr. Während die Berge in Flammen zu stehen scheinen, das „weite Schneefeld [glüht] und rosenrote Wolken" über den Himmel ziehen, bleibt Heidi ganz still. Diesmal ängstigt oder schockiert die Schönheit sie nicht. Stattdessen quellen ihre Gefühle über und Tränen rinnen ihr über die Wangen wie lockere Steine, die den Berghang hinunterkullern. Auf Anraten des Familienarztes wird später im Buch auch Klara in die Alpen geschickt, um Heidi zu besuchen. Am Tag nach ihrer Ankunft wacht Klara spät auf, sitzt dann in der Sonne und lässt die leichte Brise über ihre Wangen streichen; sie atmet den würzigen Duft der Tannen ein und spürt den Sonnen-

OBEN Das reine Klima in Heidis Bergheimat, dem Graubünden in der Schweiz

schein ihre Hände und Füße wärmen. Noch nie zuvor hat sie sich so wohlgefühlt.[2]

Johanna Spyris berühmtes Kinderbuch, erstmals 1880 veröffentlicht, beschwört das Klima der Berglandschaften der Alpen herauf. Die Luft in diesen Geschichten ist unbestreitbar „gut" und belebend für Gesundheit und Geist; sogar der Doktor verschreibt sie. Die Luft in Heidis Heimat ändert sich sogar mit den Jahreszeiten: Die „Sommerluft" soll genutzt werden, um die Lunge zu füllen und den Geist auszulüften. Ein Bad in der „Winterluft" soll Abstand vom Gewöhnlichen und Langweiligen schaffen. Dieser Lobpreis der guten Luft ist mit dem gesellschaftlichen und medizinischen Kontext der Erschaffung von Heidi verwoben, denn Heidi – ein Kind der guten Luft – ist ein Symbol für die Fähigkeit der Luft, uns wiederherzustellen.

In Anlehnung an die dramatischen Bau- und Planungsphasen in der Geschichte der europäischen Gesundheits- und Freizeitbewegung in die Alpen ist Heidis Reise sozusagen eine Reise der Wiederherstellung – eine Möglichkeit, der Luft, die wir im letzten Kapitel kennengelernt haben, zu widerstehen und sich von ihr zu erholen. Luft kann uns wieder ganz machen.

AUFSCHWUNG

Friedrich Nietzsche schrieb über sein inneres Tempo, einen spirituellen Stoffwechsel, der von seiner Umgebung angetrieben wurde. „Man stelle sich die Orte zusammen", fordert er, „wo es geistreiche Menschen giebt [sic]." Diese Orte – Paris, die Provence, Florenz, Jerusalem, Athen – haben alle „eine ausgezeichnet trockne Luft".[3] Tatsächlich hängt daran für Nietzsche das Genie: „reiner Himmel", der dem eigenen Stoffwechsel Kraft und Vitalität schenkt. Während schlechte Luft im letzten Kapitel wiederkehrendes Thema und Bedrohung war, argumentiert Nietzsche hier, dass gute Luft förderlich ist. Sein schlechter Gesundheitszustand brachte ihn dazu, über solche impliziten Kräfte der Erholung und Wiederherstellung nachzudenken. Als „sehr feine[s] und zuverlässige[s] Instrument" konnte Nietzsche die Auswirkungen von Klima und Wetter auf seine Gesundheit und seine Arbeit mühelos deuten. „So wenig als möglich *sitzen*", schrieb er, und „keinem Gedanken Glauben schenken, der nicht im Freien geboren ist und bei freier Bewegung – in dem nicht auch die Muskeln ein Fest feiern".[4]

Bei Nietzsche finden wir eine starke, fast aggressive europäische Tradition, nach der Luft von hohem und reinem Charakter die richtige Umgebung für die Wiederherstellung von Gesundheit und Wohlbefinden ist. Auch in Baudelaires Gedichten klingt sie an, als er in „Aufschwung" die Eigenschaften der Berge beschreibt.[5] Wie Gaston Bachelard in seinen Ausführungen zur nietzschen Luft darlegt, gibt es eine kulturelle Sehnsucht, sich wieder in die Lüfte zu schwingen, sich so auszuweiten, dass der Geist und der Körper fliegen können.[6] Was wir in diesen Reaktionen auf die ansteckende Luft der Ebenen sehen, ist die, wie Bachelard sie nennt, „stärkende" Eigenschaft der Luft auf den Gipfeln der Berge und in unseren Träumen.

Der Zeitpunkt, zu dem Heidi sich in Spyris Buch materialisiert, ist kein Zufall. Das Buch erschien etwa zur selben Zeit, als Luft in Krankenhaustherapien und Hygienemaßnahmen sowie in die Kurarchitektur des Alpensanatoriums Eingang fand, durch die Kurorte einen enormen Gesundheits- und Freizeittourismus erlebten. Das Sanatorium in Davos sollte bald zu einem der archetypischen Modelle der alpinen Architektur für Tuberkulosekranke werden und seine besonderen Eigenschaften im Hinblick auf Luft und Sonne galten bald als Maßstab für die Planung anderer Sanatorien in ähnlichen Klimazonen.[7] Das von Karl Turban entworfene Gebäude war vollkommen auf Hygiene und den Zugang der Kranken zu Luft, Licht und Sonne ausgerichtet.[8] Das 1907 erbaute Queen Alexandra Sanatorium überführte Turbans Vorbild in einen moderneren Entwurf der Architekten Otto Pfleghard und Max Haefeli. In der Behandlung der Tuberkulose galten damals frische Luft und Sonnenstrahlen als die ideale Kombination für verschiedene Leiden und Varianten der Tuberkulose. Hotels und Sanatorien schossen wie Pilze aus dem Boden, mit ihren gestuften Balkonen und Sonnenterrassen der diametrale Gegenentwurf zum Schmutz und der abgestandenen Luft in den städtischen Elendsvierteln Europas und Nordamerikas.

Diese Bewegung in der Gestaltung alpiner Erholungseinrichtungen markierte einen umfassenderen Wandel in der Vorstellung vom Gebirgsklima. Vorbei die Zeit, als die Berge als bedrohlich, kalt und gefährlich galten; in der modernen Ästhetik galt das Höhenklima als Reich von „Licht und Erholung". Der Bergluft wurden heilende Eigenschaften zugeschrieben und sie wurde zu einem bedeutsamen Einflussfaktor für den Gesundheitstourismus. Für den Tuberkuloseexperten und Sanatoriumsspezialisten René Burnand konnten Sanatorien so gebaut werden, dass sie ihren Höhenstandort optimal nutzten. Die leichte, belebende Luft, so Burnand, ließ sich trinken, „wie man einen edlen Wein genösse", die Atmosphäre sei durchtränkt von einer „geheimnisvollen Kraft himmlischer Strahlungen", ein „weiß-golden-blauer Zauber, gebadet in einer frischen Luft, die auf so merkwürdige Weise mit diesem inbrünstigen Licht verknüpft ist".[9] Die Erholungstherapie brachte Luft, Licht und Höhe an allen Enden des Spektrums zusammen und damit meine ich die Wellenlänge des Lichts. Heliotherapie traf auf Lichttherapie, als Wilhelm Conrad Röntgen die Röntgenstrahlung entdeckte und Marie Curie den Nutzen der Strahlentherapie. Vor diesen Behandlungen schlugen der Schweizer Arzt Arnold Rikli und andere Kliniker wie Auguste Rollier in Leysin und der Amerikaner John Harvey Kellogg vor, Erkrankte in Licht und Luft zu tauchen, ja darin zu baden. Als Teil seiner „atmosphärischen Kur" bezeichnete Rikli diese Behandlung 1855 als „Lichtluftbad": Patientinnen und Patienten tauchten dabei tief in Luft, Licht und Sonne ein.

Luft war nicht nur gut für die körperliche Gesundheit. Während das Alpensanatorium vielen vor allem als Zuflucht vor der Morbidität der Städte diente, fanden expressionistische Maler wie Ernst Ludwig Kirchner in Davos' Höhenlage nach dem Krieg das, was Rousseau als „Unbeschwertheit der Atmung, mehr Leichtigkeit und Beweglichkeit des Körpers und mehr heitere Gelassenheit im Geiste“ beschrieb.[10] Kirchner, der als Artilleriefahrer zur Armee gegangen war, um einer Einberufung in die deutsche Infanterie zu entgehen, fuhr nach seinem Zusammenbruch 1916 mehrmals zur Erholung in Sanatorien. Mit Kriegsbeginn veränderte sich die Atmosphäre in Kirchners Bildern und sie zeigten nun nicht mehr die „exotische Umgebung“ seines Studios in Berlin, das einer „Opiumhöhle“ glich.[11] Die Gewalt des Krieges brachte einen gewissen Druck ins Spiel, den Eindruck eines blutigen Jahrmarkts; das Leben wird oberflächlich, irrelevant, flüchtig. Seine Aufgabe, wie er sie wahrnahm, bestand darin, das „Durcheinander“ zu erfassen, etwas „in der Luft“ zu suchen, in der „Wirrheit“ ein Bild zu entdecken.

Europa war nicht der einzige Ort, an dem die Luft im späten 19. und frühen 20. Jahrhundert ihre wiederherstellende Wirkung entfaltete. Selbst Südkalifornien erschien in einem ähnlichen Licht und so zogen viele Menschen in die Gegend, der man das Etikett „das große Sanatorium der Natur“ verpasste. Das Klima war mit seiner „reinen Atmosphäre“ und einem „strahlenden Himmel“ genau das Richtige für die Erholung von Schwindsüchtigen.[12]

MEER

In Jane Austens *Anne Elliot* (1817) machen Henrietta und Anne einen Abstecher zum „Cobb“, einer damals häufig genutzten Hafenmole in Lyme Regis an der Südküste Englands, wo man die erfrischende Meeresbrise genießen konnte.[13] Henrietta ist überzeugt, dass „Seeluft immer guttut“, von ein paar wenigen Ausnahmen abgesehen. Sie bringe den Körper so selbstverständlich wieder zu Kräften, dass sie besser wirkte als „sämtliche Arzneien“ auf der Welt. Dieses Narrativ kehrt bald zur Luft als einer Kraft zurück, die den Blick eines Mannes ablenken kann. Als Annes Gesicht einem Herrn ins Auge fällt, sieht er sie mit „ernsthafter Bewunderung“ an. Der Herr bemerkt die positiven Eigenschaften ihres leuchtenden Gesichts, dem der Wind die Farbe und „die alte blühende Frische wiedergegeben [hatte] ... dazu ein Glanz in ihren Augen, der ebenfalls sein Werk war“. Auf den Blick des Bewunderers reagiert auch Captain Wentworth, der Anne ebenfalls einen Blick zuwirft, „mit einem Aufblitzen darin“.

Wie man an all den Beschreibungen feuriger und blitzender Blicke der Männer sieht, die von Frauen mit voll wiederhergestellter Gesundheit ganz hingerissen sind, lockten die viktorianischen Kurorte Brighton, Scarborough und Blackpool die Schreibenden des 19. Jahrhunderts mit den stärkenden Eigenschaften der salzigen Seeluft. Später wurden sie oft als Kontext für das sexuelle Knistern außerehelicher Affären und die jahrmarktartigen Eigenschaften eines Grenzbereichs herangezogen, der wie die Küste zwischen Land und Meer in einem Zwischenreich lag. Als Gesundheitsoasen boten diese Orte auch eine Gelegenheit zur Reflexion und auch zur Verjüngung. In Cromer an der Nordküste von Norfolk will Elizabeth Gaskells Margaret Hale in *Margarethe* (1855) nach dem Tod ihrer Eltern und des Familienfreundes ihre körperliche Kraft wiedererlangen. Wendy Parkins erkennt hier eine aufkommende autonome und unabhängige Mobilität von Frauen, die den Ausbau der viktorianischen Eisenbahnlinien bis in die Seebäder nutzten, in die sie die gute Luft zog.[14] Margaret, auf tragische Weise ihres Vaters und ihrer Mutter beraubt, fährt nach Cromer. Dort am Meer ist sie recht unbeweglich. Die Seeluft, ihre Brise und andere Figuren bewegen sich um sie herum. Margaret ist dort, um ihren Geist ebenso zu kurieren wie ihren Körper. Doch sie gibt sich nicht passiv der Luft hin. Vom Wind gestählt, nimmt sie nach ihrer Rückkehr in die Stadt ihr Leben in „ihre eigenen Hände“.

RECHTS „Der Unfall“ aus *Anne Elliot* im Lichtdruckverfahren, 1892

Bald taten Frauen im echten Leben es Margaret Hale nach. Sie flanierten durch Brighton und andere Seebäder, in denen Promenaden für die feine Gesellschaft angelegt worden waren, auf denen man „die Seeluft atmen“ sollte.[15] Bei der Anlage von Esplanaden, Promenaden, Molen, Ladenstraßen, Piers und Terrassen ließ man sich vom Mittelmeer inspirieren, von Orten wie Venedig und vor allem dem Hafen in Palermo. Die zunehmenden Freiheiten der Frauen wurden durch die Bereitstellung kühler Brisen und schützender Schatten erweitert. Denn „kein Ehemann, so hieß es, würde es sich im Traum einfallen lassen, seiner Frau zu verbieten, des Nachts im Schatten des Hafens spazieren zu gehen“.[16] Auch gesellschaftliche Anonymität und Durchmischung war am späten Abend möglich, wenn im Hafen das schwindende Licht die Identität verschleierte und die gesellschaftlichen Trennlinien so verwischte.

Margarethe ist ein Buch voller Luft und Atmosphären, die Hales moderne Einstellung andeuten und gleichzeitig gesellschaftliche Sorgen in Bezug auf eine bestimmte Art von schlechter Luft ausdrücken und sogar hinsichtlich des Körpersäfte-Temperaments der Melancholie, die Robert Burton in seiner 1621 veröffentlichten Abhandlung *Die Anatomie der Melancholie* so umfassend darlegte. Melancholie war ein Temperament, das meist in der gebildeten Gesellschaftsschicht auftrat. Ihr Erscheinungsbild ist dick, wolkig, neblig und unrein. Melancholie drückt sich in niedergeschlagener Stimmung aus, sie „verursacht Krankheiten durch die Ansteckung des Herzens“. Die melancholische Atmosphäre greift von außen und von innen an. Diese Art von Atmosphäre quält Margaret. Sie hüllt sie ein, macht ihre Stimmungen sichtbar und erstickt sogar ihre Mutter mit ihrer Feuchtigkeit. Doch es gibt auch Atmosphären, denen sie sich schließlich stellt, und durch diesen Prozess erlangt sie eine gewisse Handlungsmacht zurück. In Cromer nimmt Margaret die Atmosphäre, also die Luft, für sich an, während sie zuvor dagegen kämpft. Zunächst ist ihr die Luft gleichgültig oder vielmehr ist ihre Einstellung oberflächlich und veränderlich wie eine leichte Brise. Margaret badet in der Umgebung von Helstone, ihrem Elternhaus im Süden Englands. In ihrem pragmatischen Wesen nimmt sie die Befürchtungen und Ängste und Sorgen der Menschen um sie herum gar nicht wahr. Jede innere Dissonanz gerät durch einen sonnigen Tag schnell wieder in Vergessenheit. Alle ihre Sorgen werden „so leicht weggeblasen wie die Distelwolle“. Doch damit ist Schluss, als ihre Situation sich radikal ändert. Ihr Vater verlässt seinen Posten als Geistlicher und nimmt eine Stellung in Milton in Darkshire an, das im Norden liegt. Die Umbruchstimmung in diesem Teil des Buches mündet in einer unausweichlichen Situation. Als sie ihren Hausrat in der gemieteten Unterkunft außer-

OBEN Nach William McConnel, *Brighton Beach* (Der Strand von Brighton), 1866, Kupferstich

halb von Milton auspackt, in der sie zunächst unterkommen, sieht Margaret „einen dicken Nebel" um das Haus wabern, der sich suchend herantastet und in weißen, ungesunden Dunstwolken durch die Fenster ins Haus eindringt.

> „‚O Margarethe! Hier sollen wir wohnen?', fragte Mrs Hale ganz niedergeschlagen. In Margarethens Herz fand das Traurige des Tones, womit diese Äußerung getan wurde, einen Widerhall. Sie vermochte kaum, sich so weit zu beherrschen, um zu sagen: ‚Oh, in London sind die Nebel manchmal noch weit schlimmer!'
>
> ‚Aber da kanntest du London selbst, und es waren Freunde dort. Hier – nun! Hier sind wir ganz verlassen. O Dixon, was für ein Ort ist dies!'
>
> …
>
> Da war nun freilich nicht zu helfen. Sie hatten sich in Milton ansässig gemacht und mussten Rauch und Nebel wenigstens ein halbes Jahr lang ertragen; in der Tat schien jeder andere Lebensplan durch einen ebenso dicken Nebel von Umständen von ihnen völlig abgeschlossen zu sein."

Es wird noch schlimmer. Margarets Benommenheit lässt vorübergehend nach, als sie aus dem Nebel in den Rauch und die schmutzige Landschaft von Milton ziehen. Aber diese Atmosphäre erscheint vornehmer, ganz anders als die feuchten, beseelten Eigenschaften des halb ländlichen Nebels, die ihre Mutter so bedrücken. Leider erliegt Mrs Hale bald einer Atemwegserkrankung. Wie es für das damalige bleich-fatalistische Verständnis der Tuberkulose typisch war, versucht Margarets Mutter vor ihrem Tod noch, ihre Krankheit zu verbergen. Sie hält ihren Zustand für weitaus schlimmer, als ihre Erscheinung vermuten lässt. An dieser Stelle im Buch erscheinen die Frauen äußerst empfindlich gegenüber der Luft und flattern wie Fähnchen in einer Brise, während die Männer sich ihr entgegenstemmen – gegen den Wind. Der Mühlenbesitzer Mr Thornton kämpft gegen die Elemente, er bewegt sich ihnen zum Trotz – der Luft selbst zum Verdruss. Als angekündigt wird, dass Mr Thornton zum Tee kommt, ruft Mrs Hale: „Mag Ost- oder Westwind wehen, dieser Mensch kommt." Mrs Hale und Margaret können sich über die Gleichgültigkeit des Mannes nur wundern: „Je mehr es regnet und stürmt, umso sicherer werden wir ihn hier haben."[17]

Margaret lernt, sich der Luft zu stellen. Das sehen wir, als die Arbeitsbeziehungen in Milton zusammenbrechen. Die Krise spitzt sich zu, als Mr Thornton auf dem Vorhof der Fabrik die Stellung hält, während eine wachsende Menge Arbeiter ihrer Unzufriedenheit Luft macht und kurz vor einem Aufstand steht. Zwischen Thorntons Unbeweglichkeit und Margarets Empfindlichkeit erkennen wir eine Vergeschlechtlichung der Luft, die in der Tradition einer viel längeren Kulturgeschichte der Sinne steht. Frauen wird eine weitaus größere Empfindsamkeit zugeschrieben, was Berührungen, Gerüche und Geschmäcker angeht, etwa den „Geruch des Abendessens, die Berührung ihres Ehemanns und ihrer Kinder, [den] Duft der Blumen im Garten, das Gefühl von Stoff und Nadel und die Wärme des Herdes".[18]

In Milton wird Margaret und nicht etwa Mr Thornton metaphorisch von der Menge „getroffen". Ihre Bewegung und Atmosphäre waren „aufgeregt". In der Menge herrscht eine „moralisch wie physisch schwüle Atmosphäre" wie vor einem Sturm, der wie ein „fernes, dumpfes Brausen" herankommt – erinnern Sie sich noch an die Revolutionsluft in Frankreich? Auch hier baut sich der Aufruhr wie eine flüchtige Mischung aus Luft und Flüssigkeit auf, zuerst aus der „leise anschwellende[n] Woge der dunkeln Menge" – atmosphärische Störungen, die sich „der Beobachtung Margarethens auf[drängen]".[19] Die Körper der Menge werden gegen die Fabriktore zu Rammböcken, die starken Tore erzittern „wie das Rohr vor dem Winde". In der ausweglosen Situation verliert Mr

Thornton sein Momentum und seine Autorität bricht, als er weder spricht noch sich bewegt. Mit zur Barriere verschränkten Armen und stocksteif steht er da – „regungslos wie eine Statue“ – und sein Schweigen entfesselt beinahe den rasenden Wirbelwind. In diesem Augenblick ahnt Margaret den Eklat voraus. Sie sieht, wie einige Jungen im Begriff sind, ihre Holzschuhe nach Mr Thornton zu werfen, ein potenzieller Funken, der den Aufruhr auslösen könnte – vielleicht nutzt ja der Teufel die Gelegenheit, ihre Gemüter zu erregen, denn „wenn die Säfte durch die Luft in Bewegung geraten, geht er mit ihnen hinein“. Margaret beschließt, sich der Menge entgegenzustellen. Ihre Wirkung ist eine fast gleichstarke entgegengesetzte Kraft, sie ist außer Atem, doch sie stoppt mit ihrem Erscheinen die aufbrandende Welle und die Menge zögert.

> „Denn sie stand zwischen ihnen und dem Feinde derselben, sie vermochte nicht zu sprechen, sondern streckte die Arme gegen sie aus, bis sie wieder Atem schöpfen konnte.“[20]

DISZIPLINIERUNG DER LUFT

Konnte Luft heilen, konnte sie allein den Körper wieder ganz gesund machen? Die neu aufkommende Urbanistik und Medizin, die sich mit den Hygiene- und Lebensbedingungen der Stadtbevölkerung befassten, standen vor einem Problem. Sie wollten verhindern, dass der Körper der gefährlichen, ungesunden Luft seiner verkeimten Umgebung zum Opfer fiel. Gleichzeitig gab es einen neuen Umgang mit Luft, der das Hauptaugenmerk darauf legte, die Luft zu disziplinieren wie auch den Körper, der darin leben sollte. Michel Foucault erkannte das französische Krankenhaus des 18. Jahrhunderts als Teil einer größeren epochalen Verschiebung im Verhältnis des Staats zur Bevölkerung und als Zentrum einer starken miasmatischen Lehrmeinung.[21] Während das Krankenhaus früher als Ort galt, an den man zum Sterben ging, änderte sich das durch die Experimente des Engländers John Howard im späten 18. Jahrhundert zur Hygiene und der Übertragung von Krankheiten durch die Luft. Tenon veröffentlichte 1788 seine Denkschrift zum Pariser Krankenhaus Hôtel-Dieu, in der sich Hinweise auf eine Umkehrung der Rolle des Krankenhauses finden. Im Gegensatz selbst zu den Militär- und Küstenkrankenhäusern in La Rochelle und Marseille, die die Ausbreitung von Krankheiten vor allem durch Quarantäne zu verhindern suchten, wurde das Krankenhaus immer mehr als Ort der Heilung betrachtet.[22] Die Luft rückte in einen medikalisierten Fokus, in dem sie weniger als der sterbende Geist des oder der Kranken betrachtet wurde (verglichen mit der Eudiometrie). Sowohl im Krankenhaus als auch im Sanatorium wurde die Luft um den Körper sowie des Körpers selbst zu einem Rezept für die Heilung.[23] Damit das geschehen konnte, musste es eine Verschiebung der Medizin zur atmosphärischen Umgebung hin geben, in der die Krankheit und der oder die Kranke sich befanden.

Tenons Pläne für die monumentale Neugestaltung des abgebrannten Hôtel-Dieu 1772 wurden nie vollständig umgesetzt. Die kreisrunde Konstruktion nach dem Vorbild des Kolosseums in Rom, die er in umfangreichen Zeichnungen festhielt, wurde von Lavoisier persönlich als unbedingt erforderlich beurteilt. In seiner Biografie schrieb er sogar, dass das bestehende, verkohlte Krankenhaus unangemessen und „besonders gesundheitsschädlich" sei. Seine Ideen, die das Zeichenbrett nie verließen, wurden schließlich 1854 im Hôpital Lariboisière am rechten Seine-Ufer im 10. Arrondissement aufgegriffen. Die Zeichnungen stellen detailliert dar, wie die Luft kontrolliert werden sollte: Die Stationen und die räumliche Verteilung der Kranken wurden nach Art der Krankheit angeordnet und der Strom von Menschen und Materialien in das und aus dem Krankenhaus

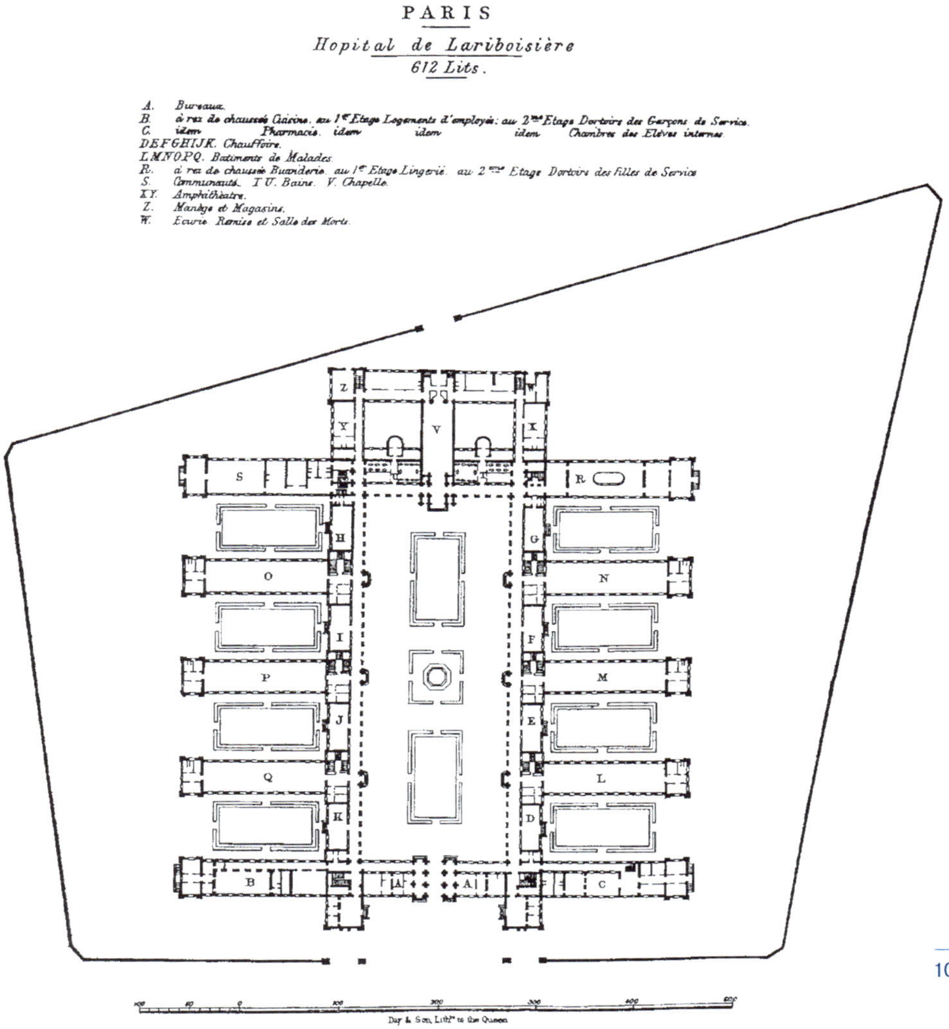

OBEN Umsetzung von Tenons Ideen in den Plänen für das Hôpital Lariboisière, Paris

OBEN Henry Curreys St Thomas's Hospital, London, 1868

kontrolliert. Der Zugang der Kranken zu Licht und hineingeführter Luft musste stimmen. Selbst die Lufttemperatur sollte streng geregelt werden. Wir erfahren von einem Experiment, in dem alle Betten durch Wandschirme an den Seiten und oben voneinander getrennt wurden, „was die Luftzirkulation erlauben, aber die Verbreitung von Miasmen verhindern würde".[24]

Die Ideen waren geradezu ansteckend. In Großbritannien setzte sich der „Pavillon"-Plan durch, zunächst im 1762 fertiggestellten Royal Naval Hospital in Plymouth in Devon und viel später in Henry Curreys monumentalem Entwurf für das St Thomas's Hospital, das 1871 am Albert Embankment an der Themse erbaut wurde. Der Entwurf konzentriert sich vor allem auf Absonderung, Trennung und Belüftung: Die Betten standen jeweils vor einem eigenen Fensterpfeiler, jedes Bett wurde also durch ein Fenster vom nächsten getrennt.

Im Sanatorium wurde die Luft ähnlich sorgfältig gelenkt, sobald das Argument aufkam, dass die klimatischen Eigenschaften einer Gegend – Orte mit guter Luft wurden damals zum Refugium für Menschen mit schwacher Gesundheit – hinter der richtigen Regulierung der Luft als medizinische Therapie zurücktraten. Für gesunde Luft konnte man überall sorgen. Für den Schweizer Tuberkulosespezialisten René Burnand ließen sich die Sanatoriumsmethoden, die er in Leysin anwandte, einfach und problemlos selbst auf das Hotel al-Hayat in der ägyptischen Wüste übertragen. Wie Guignard argumentiert, war das nicht deswegen möglich, weil Luft nicht wichtig war, sondern weil sie nur eine echte „therapeutische Bedeutung" bekam, wenn sie mithilfe der korrekten Methoden des Sanatoriums gelenkt wurde.

In Cromer, kurz nachdem Margaret Hale dort hätte gewesen sein können, wurde die therapeutische Luft durch den strukturierten Einsatz der Frischluftbehandlung und Schwindsuchtmedizin nach Nord-Norfolk gebracht. Frische Luft zu den Kranken oder die Kranken nach draußen zu bringen, widersprach auf den ersten Blick dem natürlichen Misstrauen gegen Windstöße und Zugluft, die ins Haus dringen könnten. Der Arzt der Stunde war F. W. Burton-Fanning, einer der Pioniere der Frischlufttherapie in Großbritannien, der seine Arbeit 1898 in der medizinischen Fachzeitschrift *The Lancet* veröffentlichte. Burton-Fanning hatte 1897 in dem Genesungsheim The Firs in Mundesley mit seinen Experimenten begonnen. Seine Tests waren teilweise erfolgreich: Das Tuberkelbazillum konnte nur noch im Auswurf einiger Kranker nachgewiesen werden und bei den meisten Erkrankten sank das Fieber. Bald machte er Pläne für den Bau eines Sanatoriums an einem nahe gelegenen Ort. Fanning wurde stark von den Fortschritten in der Erforschung der Tuberkelbakterien, der Behandlung von Tuberkulose in Kontinentaleuropa und der städtischen Physiologie beeinflusst, deren Koryphäen behaupteten, es sei die „Überfüllung oder mit anderen Worten, verunreinigte Luft", die die Krankheit entstehen ließ und verbreitete, und dass ihre Virulenz „durch den Kontakt mit frischer Luft und Sonnenlicht aufgehalten" werde.[25] Mit anderen Worten, die Keimtheorie ließ die Miasmen nicht völlig hinter sich. Wichtiger war jedoch, dass ein guter Gesundheitszustand den Kranken deutlich bessere Chancen verschaffte, die Infektion zu überwinden. Es war recht offensichtlich, so Fanning, dass frische Luft gut geeignet war, den allgemeinen Gesundheitszustand kranker Menschen zu verbessern.

Fanning hatte eine eindeutig positive Meinung zu den Orten Mundesley und Cromer und ihrem besonders gesunden Klima. Seine Sympathie für die Region wurde von Belegen anderer Ärzte untermauert, denen zufolge die nördliche Küste von Norfolk ein besonders trockenes Klima bot und von einem kräftigen, belebenden Ostwind und viel Sonnenschein profitierte. So ließe sich die „Klammheit“ vermeiden, die Susan Sontag mit vielen Beschreibungen der Krankheit verknüpfte. Für diejenigen, die Burton-Fanning in The Firs behandelte, galt ein zentraler Vorbehalt: Wie streng sich seine Patient:innen auch an seine Behandlungsroutine an der frischen Luft hielten, „sie waren verglichen mit den Insassen eines speziell eingerichteten Sanatoriums deutlich im Nachteil“.[26] Dennoch war seine Arbeit von großer Bedeutung. Den meisten Kranken war es einfach nicht möglich, nach Davos oder in andere alpine Luftkurorte zu fahren. Für Burton-Fanning stand fest: „Die Behandlung muss in ihrem eigenen Land verfügbar sein oder nirgendwo.“

Die Frischlufttherapie nach Mundesley zu bringen, erforderte ein extra dafür gebautes Sanatorium, eine systematische Methode, die Elemente um die Erkrankten, die sich „nahezu ständig an der frischen Luft aufhalten“ sollten, herum zu formen und die „strenge medizinische Aufsicht über das tägliche Leben des Patienten“ zu regulieren.[27] Das Leben musste streng reglementiert sein und unbedingt draußen stattfinden. Das neue Gebäude wurde im Stil einer Almhütte gebaut und 1899 fertiggestellt. Offene Hütten oder Sommerhäuschen, sogenannte „Liegehallen“, in denen die Kranken sich tagsüber aufhielten, standen über das gesamte Grundstück verstreut. Die Hütten brauchten im Sommer Fensterläden oder ein Vordach, damit es nicht zu heiß darin wurde, aber am interessantesten war die Drehscheibe unter dem Häuschen, mit der Burton-Fanning den Hersteller Boulton & Paul aus Norwich beauftragte. Mit diesem Mechanismus konnten die Hütten aus dem Wind gedreht werden, damit die Kranken nicht zu viel Luft ausgesetzt waren. Zudem konnte man so der Bahn der Sonne folgen und vom zusätzlichen Nutzen der heliotherapeutischen Erwärmung profitieren – von der Sonnenwärme also. Da die Liegehalle auch in einer Preisklasse lag, die sich die Wohlhabenderen für den Privatgebrauch leisten konnten (und das Sommerhäuschen im Garten noch nicht erfunden war), warben Boulton & Paul damit, dass ihre Hütten „auch den Empfindlichsten ermöglichten, den größten Nutzen aus frischer Luft und Sonnenschein zu ziehen und gleichzeitig starke, kalte Winde zu meiden“.[28] Burton-Fanning schrieb vor, dass alle Schlafzimmerfenster immer offen zu stehen hatten, damit die Luft immer in Bewegung blieb. Seine Methoden sollten sogar über das Sanatorium hinausgehen und trainiert, praktiziert und dann verinnerlicht werden. Burton-Fanning erklärte, wie sich die korrekte Therapie nach der Rückkehr nach Hause zur Gewohnheit machen ließ:

OBEN Das Sanatorium in Mundesley, Norfolk

> „Ich glaube, ein großer Nutzen des Sanatoriums besteht darin, sie gründlich in den richtigen Lebensgewohnheiten auszubilden. Meine Patienten haben ein höchst intelligentes Verständnis des Werts frischer Luft mit nach Hause genommen und sich nicht nur streng an die verschriebene Lebensweise gehalten, sondern auch damit begonnen, die tief verwurzelten Einwände anderer Kranker gegen frische Luft zu erschüttern.“ [29]

Der Einsatz von Luft in einer Kur aus alltäglichen Abläufen wurde auch andernorts übernommen, vor allem in den USA, wo Belüftungstheorien Anklang gefunden hatten, wo aber auch das Sanatorium und die Belüftung zu einem zentralen Bestandteil städtischer Gesundheitsfürsorge wurde. Die amerikanischen Entwürfe übernahmen das Mundesley-Modell und erweiterten es. Chicago war eine der progressivsten Städte, die das Sanatorium auf der Grundlage der Freiluft-Prinzipien weiterentwickelten und darin die Behandlung der Tuberkulose mit anderen Maßnahmen für die öffentliche Gesundheit zusammenführten, insbesondere, was das Wohlbefinden von Kindern anging. In diesen Zusam-

LINKS Blick über die Veranda in Mundesley

menhängen wurde frische Luft „zu einer neuen Waffe für das pädiatrische Arsenal".[30] Auf Simmons Island bei Chicago wurde extra ein neues Frischluft-Sanatorium für Kinder und Babys errichtet, das durch eine Betonbrücke vom Chicagoer Lincoln Park getrennt war. Das Gebäude ähnelte einer großen Liegehalle: ein nach allen Seiten offener Pavillon, der auf den Lake Michigan hinausging und mühelos 300 Babys aufnehmen konnte. Die Stadt stattete diese Pavillons mit neuen hängemattenartigen Betten aus. Gewünscht war eine Bettform, die „leicht, luftzugänglich, haltbar, vergleichsweise erschwinglich und gut waschbar" war.[31] Die Lösung war so modern wie die Hängewagen, die neben den Hängematten in der fast fabrikartigen Einrichtung des Pavillons standen: ein Korb aus geflochtenem Draht mit hohen Seiten, der mit Seilen wie eine Hängematte zwischen zwei Pfosten gehängt werden konnte. Die Hängematten ließen sich leicht abnehmen und „kompakt stapeln". Doch vielleicht griffen diese Entwürfe schon auf eine frühere Erfindung zurück, die Leben erhalten sollte: den

OBEN Beispiel für eine „Liegehalle"

OBEN Eine von Burton-Fannings
Original-Drehscheibenhütten

OBEN Erhalten gebliebener Unterstand

OBEN Louisiana Purchase Exposition, die „St Louis World's Fair", eine Weltausstellung, die 1904 in St. Louis, Missouri, stattfand

Brutkasten. Bevor er in Krankenhäusern üblich wurde, machte der Brutkasten für Babys eine kuriose Karriere als Jahrmarktsattraktion. Er stand an den Uferpromenaden von Atlantic City, im Dreamland auf Coney Island und auf der St Louis World's Fair von 1904, wo John Zahorskys Baby-Brutkästen eine große Attraktion waren. Später wurden die Brutkästen für Neugeborene mit Systemen für die künstliche Beatmung ausgestattet, aber die ersten Geräte sollten nur für eine warme Umgebungstemperatur sorgen, um die Atemsysteme der Frühgeborenen zu unterstützen und Keime in der Luft fernzuhalten.

Das Municipal Sanitarium von Chicago war für mehr als 900 Erwachsene angelegt und umfasste Frischlufthütten mit offenen Verandas und ebenso einfallsreichen modernen Lösungen zur Aufrechterhaltung der Belüftung. Selbst in den Umkleideräumen wurden Paneele aus Drahtgeflecht eingesetzt, damit die starke Brise die Luft auch dort in Bewegung halten konnte. Die Stadt sorgte außerdem für die Einführung der Frischluftprinzipien in den Wohnungen der Menschen, damit die Behandlung außerhalb des Sanatoriums weitergeführt werden konnte. 1914 verfügte beispielsweise die Abteilung für besondere Hilfsmaßnahmen im Departement für Polikliniken den Umbau von Wohnhäusern mit außen gelegenen Schlafbereichen oder Verandas, die mit speziell entworfenen Betten, Bettwäsche, Liegestühlen und Vorhängen auszustatten waren.[32]

Durch sorgfältig entwickelte Betten, Hängematten und Liegestühle brachten die Sanatorien Luft an die Körper in der Sonne. Die Verbesserung an den Liegestühlen bestand vor allem darin, möglichst viel Material zu entfernen, das dann durch frische Luft ersetzt wurde. Die „Heilsessel" – Davos hatte eine eigene Version davon – aus Buche, Rohr und Korbgeflecht gelangten in Form modernistischer Heimprodukte aus Stahlrohr für die Sonnenterrasse auf den freien Markt. Thomas Manns Figur Hans Castorp aus *Der Zauberberg* (1924), das in einem Sanatorium in Davos spielt, kann angesichts eines solchen bemerkenswerten Sessels nur voll Dankbarkeit ausrufen: „Was sind denn das für Stühle?

UNTEN In Zahorskys Brutkasten-Ausstellung

OBEN Die Tiroler Alpen auf der Louisiana Purchase Exposition

RECHTS Plakatkampagne für die Einführung des Sanatoria Act 1909

Wenn es die hier zu kaufen gibt, dann nehme ich mir einen mit nach Hamburg, man liegt ja darauf wie im Himmel."[33]

Das Sanatorium in Mundesley hatte Verbindungen zur britischen Kunst- und Literaturszene im und nach dem Ersten Weltkrieg; vielleicht war es sogar ein Zufluchtsort. Andrew Morland, ein niedergelassener Arzt in Mundesley, und seine Frau Dorothy waren ein besonderes Paar in einer Clique der intellektuellen Elite. Dorothy unterhielt eine Brieffreundschaft mit D. H. Lawrence, den sie häufig besuchten, als sein Gesundheitszustand sich aufgrund einer Tuberkuloseerkrankung verschlechterte. Der chronisch kranke Lawrence zeigte alle

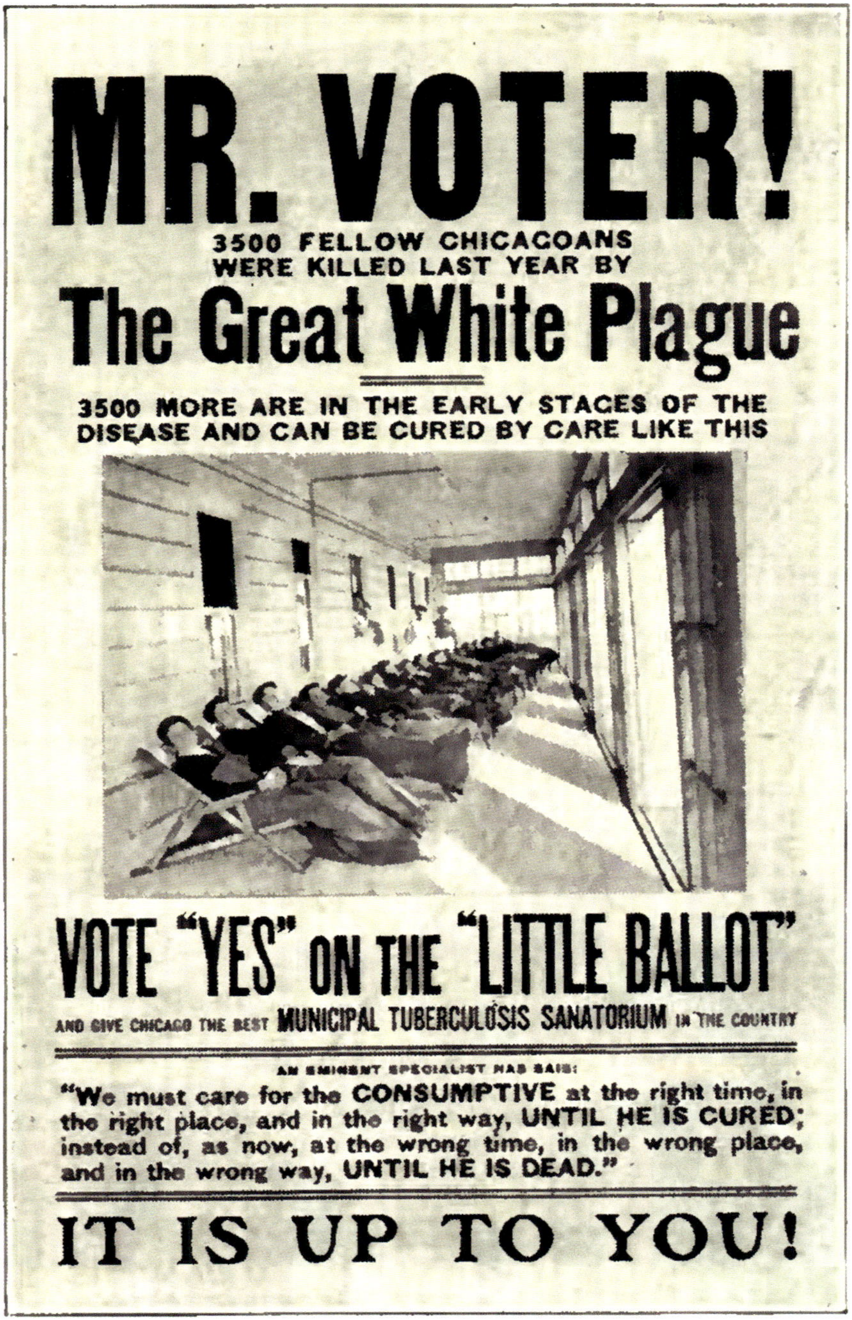
MR. VOTER!
3500 FELLOW CHICAGOANS
WERE KILLED LAST YEAR BY
The Great White Plague
3500 MORE ARE IN THE EARLY STAGES OF THE
DISEASE AND CAN BE CURED BY CARE LIKE THIS
VOTE "YES" ON THE "LITTLE BALLOT"
AND GIVE CHICAGO THE BEST MUNICIPAL TUBERCULOSIS SANATORIUM IN THE COUNTRY
AN EMINENT SPECIALIST HAS SAID:
"We must care for the CONSUMPTIVE at the right time, in the right place, and in the right way, UNTIL HE IS CURED; instead of, as now, at the wrong time, in the wrong place, and in the wrong way, UNTIL HE IS DEAD."
IT IS UP TO YOU!

Merkmale, die Sontag in der physiologischen und kulturellen Veranlagung von Schwindsüchtigen ausmacht. Das Lungenversagen kennzeichnet Tuberkulose als „Verfall, Fieberhaftigkeit, Entmaterialisierung" des Körpers, der keine Luft mehr aufnehmen kann. Der Körper scheint sich zu verflüssigen, verwandelt sich in „Phlegma und Mucus und Sputum und schließlich Blut"; er japst nach Luft, die er nicht haben kann, „nach besserer Luft".[34] Lawrences Freund, der Künstler Mark Gertler, den Morland ebenfalls in Mundesley behandelt hatte, überzeugte die Morlands, Lawrence in Frankreich zu besuchen. 1930 fuhren sie tatsächlich nach Bandol an der Côte d'Azur, als Lawrence sich bereits im Endstadium der Krankheit befand. Dorothy verbrachte viel Zeit mit Lawrence und spürte eine Verbindung zwischen ihnen. Die Morlands drängten Lawrence, wenn er schon nicht nach England zurückkehren wollte, wenigstens das Sanatorium Ad Astra in Vence im Département Alpes-Maritimes für eine ordentliche medizinische Behandlung aufzusuchen.

Lawrence und Gertler hatten sich im Krieg angefreundet. Gertler war Student an der einflussreichen Slade School of Drawing, Painting and Sculpture in London, zusammen mit Kunstschaffenden wie Dora Carrington, Paul Nash und Richard Nevison.[35] Das Leben in London zu Kriegsbeginn inmitten der fesselnden persönlichen Beziehungen im Slade-Umfeld fand Gertler gleichzeitig erdrückend und inspirierend. Die gegensätzlichen Kräfte, die auf seinen Geisteszustand und seine Ausdrucksweise einwirkten, waren ein „Taumel". Wie Kirchner sah auch Gertler den Krieg als unentrinnbar, unvermeidlich und zweifellos präsent. London lag „überschattet von einer sehr großen unheilvollen Wolke", es lag eine „tödliche Ruhe" über der Stadt, die alles unter sich begrub.[36] In einem Brief schrieb Gertler, nachdem er sich von einem seiner Studienkollegen abgewandt hatte: „Die Atmosphäre, in der er lebt, erstickt mich … Ich will frische Luft. Echte Luft."[37]

Diese Atmosphäre resultierte 1916 in Gertlers meistgefeiertem Werk, *Karussell,* das direkt von einem Jahrmarkt im Park Hampstead Heath in London inspiriert war. Das Bild wirkte wie ein Ventil für Gertlers Leidenschaften, die Lawrence als seinen inneren „Strudel von Zerstörung und Entsetzen" beschrieb. Gertlers berühmtestes Bild war eine „Feuersbrunst" und im Gegensatz zu Bel Geddes *Futurama,* dessen Karussell mit „kreischenden Jungen und Mädchen" ein modernes Paradies der Zukunft vorwegnimmt, sperrt Gertlers Bild diese Möglichkeit in einer Art Armageddon weg. Seine Vision kombiniert „mechanische Bewegung und komplexe Involution", die Münder der Fahrenden stehen offen, sie schreien nicht vor Freude, sondern vor Schmerz. Das Dach des Karussells scheint orangeroten Feuerschein widerzuspiegeln. Die schwadenartigen Wolken um das Karussell könnten auch Explosionen sein oder Fallschirme, die zu Boden schweben. Gertler reiste 1925, 1929 und 1936 ins Mundesley-Sanatorium, um unter Morlands Pflege seine körperliche und geistige Gesundheit wiederherzustellen.

Auf Morlands Anraten reiste Lawrence nach Ad Astra, wo sich sein Gesundheitszustand jedoch weiter verschlechterte.[38] Er hatte gehofft, dass sie ihm guttun würde, „die Luft – und dass meine Frau sich keine Sorgen macht und mir wiederum Sorgen bereitet".[39] Lawrence starb am 2. März 1930, nachdem er sich selbst aus der Klinik entlassen hatte und in die Villa Robermond in Vence in der Provence gezogen war. Einige Tage später schrieb Andrew Morland an S. S. Koteliansky, einen von D. H. Lawrences engsten Freunden. In seinen Briefen klingt er von Schuldgefühlen zerfressen und bereut, dass er Lawrence ermutigt hatte, ins Sanatorium nach Davos zu gehen. Einige Jahre später veröffentlichte Morland einen Aufsatz in *The Lancet* mit dem Titel „Der Geist in der Tuberkulose". Für Morland half die Behandlung des seelischen Zustands von Kranken ihnen am wirksamsten bei der Anpassung „an eine geeignete Umgebung". Er schrieb das der strengen „Kur" zu, für die viele Erkrankte einfach nicht die Ausdauer besaßen, wenn sie sich wieder nach Hause begaben oder es ihnen nicht gelang, sich ausreichend an die „Sanatoriumsatmosphäre" anzupassen. Morland behauptete, dass von „allen krankhaften Zuständen die Tuberkulose derjenige ist, bei dem es von zentraler Bedeutung ist, den Patienten und nicht die Krankheit zu behandeln."[40]

4 ISOLIERUNG

Du musst dich isolieren, isolieren, isolieren.[1]

Bezwungen von etwas Giftigem in der Luft, verliert ein Kanarienvogel das Bewusstsein und fällt von der Stange. Seine Krallen wurden abgefeilt, damit er nicht aufrecht sitzen bleiben kann, wenn er ohnmächtig wird, weil sein Sturz Aufmerksamkeit erregen soll. Bis 1986 wurden in Großbritannien noch Kanarienvögel in sogenannten Haldane-Käfigen in Minen eingesetzt, bis elektronische Sensoren ihren Platz einnahmen. Kanarienvögel wurden häufig in wissenschaftlichen Experimenten benutzt, wie wir auf Wrights berühmten Bild schon gesehen haben. Lavoisier hatte Sperlinge verwendet. Für den Schotten John Scott Haldane wurden Mäuse, Vögel und schließlich er selbst zu Versuchskaninchen.

John Haldane war ein bemerkenswerter Mann, der seinen Körper beachtlich vielen Schmerzen, Unbehagen, Erschöpfung und schließlich Gefahr aussetzte.[2] In dem Maße, wie er nach Möglichkeiten suchte, den Körper vor der gefährlichen Luft in Londons Kanalsystem und unterirdischen Tunnelwelten oder in großen Höhen zu isolieren und ihn daran anzupassen, musste er sich selbst gefährlicher Luft aussetzen. Man traf ihn in Abwasserkanälen an, nachdem Ingenieure dort durch Kohlenmonoxid zu Tode gekommen waren; er untersuchte Bergbaukatastrophen und setzte sich regelmäßig extremen Höhen und großen Tiefen aus, um die seltsamen Auswirkungen der Atmosphäre auf den Körper zu verstehen. Luft, das versuchte Haldane zu zeigen, war alles andere als überall auf dem Planeten gleich und wirkte sich auf die, die ihr ausgesetzt waren, ganz unterschiedlich aus.

Eins von Haldanes wichtigsten Forschungsprojekten in der Höhe war seine Arbeit auf dem Pikes Peak in Colorado. Der italienische Mathematiker und Physiker Evangelista Torricelli hatte bereits die Wirkung des Luftdrucks erkannt und 1643 sein Barometer nach dem Prinzip eines Grubenschachts entwickelt, während Boyle über den unterschiedlichen Druck in großen Höhen innerhalb von Torricellis „Luftmeer" staunte. 1911 reisten Haldane und ein Forschungsteam nach Colorado, um auf dem Berggipfel Feldarbeit zu betreiben. Sie richteten ihren Arbeitsplatz im Summit House auf 4295 m über dem Meeresspiegel ein. Haldane litt unter Übelkeit, Durchfall, Bauchschmerzen, periodischer Atmung

OBEN Messung des Luftaustauschs auf dem Pikes Peak 1911

und Hyperpnoe bei Anstrengung. Anderen ging es noch schlechter und allen fiel auf, dass ihre Lippen blau geworden waren. Das Team nahm umfangreiche Messungen im Hinblick auf den Atemprozess im Körper und den Verbrauch von Sauerstoff und Kohlendioxid in dieser speziellen Höhe vor. Während sie an den Schienen der Zahnradbahn entlangliefen, fingen sie die ausgeatmete Luft in einem speziellen Beutelapparat ein. Die Symptome der „Bergkrankheit" ließen nach einigen Tagen bei allen nach. Laut Paul Berts berühmtem Aufsatz *La Pression barométrique* von 1878 war die Ursache dieser Symptome der fehlende Sauerstoff, woran sich das Team bald gewöhnt hatte.[3]

Haldane hatte sich der Vorstellung verschrieben, dass der menschliche Körper eine Art Umweltsystem war, das sich selbst regulierte. Dieses System funktionierte unabhängig von der äußeren Umwelt und strebte danach, „kontinuierliches Leben" zu erhalten, indem es innere Bedingungen herstellte, die die-

OBEN Der „Beutelapparat" im Einsatz beim Auffangen von Ausatemluft, 1913

sen Zustand förderten. Luft spielte natürlich eine lebenswichtige Rolle bei dieser Regulierung, denn Sauerstoff und Kohlendioxid werden von Atmungssystem und Körperkreislauf über das Blut durch den Körper transportiert und verteilt. Wenn der Körper an Orten mit gefährlichen Luftbedingungen nicht natürlich atmen konnte, wollte Haldane Möglichkeiten finden, den Körper zu verbessern und anzupassen. Mit improvisierten mechanischen Apparaturen brachte Haldane den menschlichen Körper an Orte mit gefährlicher, dünner oder schwerer Luft. Er nahm Verbesserungen vor, die Druckluft oder saubereren, gereinigten Sauerstoff lieferten oder die tödlichen Krankheitserreger herausfilterten.

1915 wurden Haldane und Professor H. Brereton Baker im Imperial College der University of London von Lord Kitchener angewiesen, nach Ypern im Westen von Belgien zu fahren, um den außergewöhnlichen Gasangriff des deutschen Heers am 22. April durch die Freisetzung von 160 Tonnen Chlorgas zu unter-

UNTEN Innenansicht des Labors am Pikes Peak, 1913

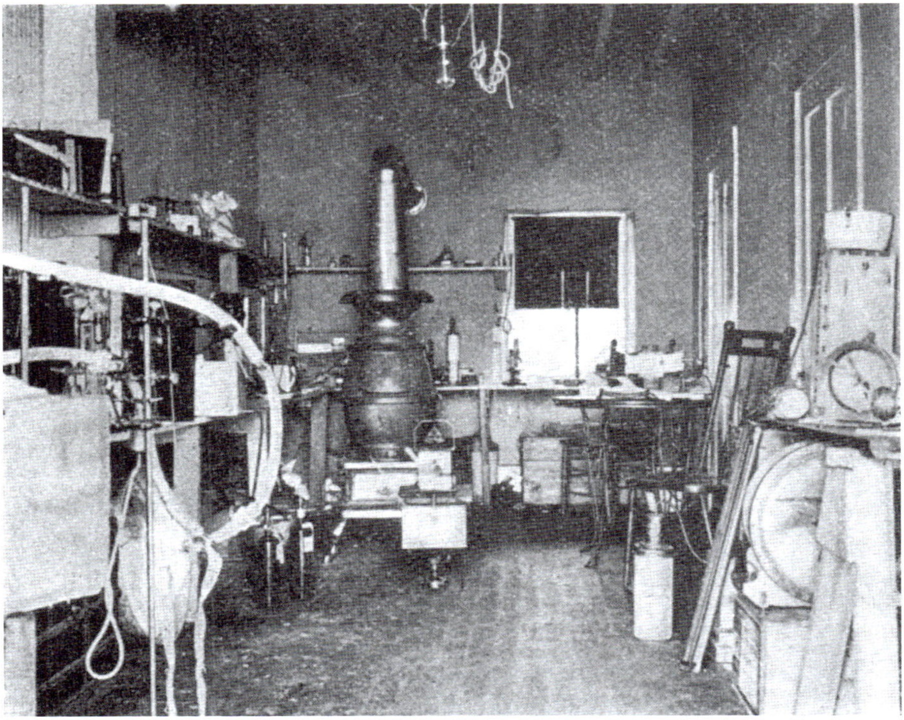

LINKS John B. Stone, *John Scott Haldane,* 1902, Platindruck

suchen. Fritz Habers System markierte einen entscheidenden Moment in der modernen Kriegsführung – es war ein echter Wendepunkt. Die Umwelt wurde als Medium genutzt, um auf den Körper einzuwirken, die Luft zur Waffe gemacht, um den Feind in Form einer tödlichen grünen Wolke außer Gefecht zu setzen und zu töten. Gas ersetzte die atembare Luft, sodass die Umgebung zu etwas Tödlichem wurde.[4]

Der Gaskrieg war eine erste Ausprägung des „totalen Kriegs" – weder Ergeben noch Flucht waren möglich. Doch das Gas unterschied nicht zwischen den Kriegsparteien. Luce Irigaray sagt, Luft müsse mit ihren eigenen innerlich strudelartigen und chaotischen Widersprüchen zurechtkommen, sodass sie sogar vergessen kann, wer sie ist und was sie tun soll. Gerade so, wie Wind und Wetter sich einmischten, um die Gaswolke zurück in Richtung der deutschen Soldaten zu treiben, so wurden selbst Haldanes Empfehlungen an der Front ständig fehlgedeutet.[5] Wie die Bergarbeiter brachten auch die Schützengräbenausheber Kanarienvögel mit, vergaßen aber, wofür sie gedacht waren. „Was ist mit diesem Kanarienvogel los?“, fragten sie, wenn der Vogel leblos dalag und ihre Kameraden um sie herum erste Anzeichen von Benommenheit verspürten. Wegen fehlender Schulung wurden seine Gasmasken von Soldaten falsch benutzt, denen es daher nicht gelang, sich ausreichend selbst zu schützen. Und selbst die Produzenten seiner Atemmaske hatten Probleme mit der Herstellung und ersetzten das Natriumkarbonat (Waschsoda) darin versehentlich durch Natriumhydroxid (Ätznatron), das sich durch die Masken und die Hände der Fabrikarbeiter:innen fraß.[6]

Haldanes persönliches Leiden zum Wohle der Wissenschaft und gesellschaftlicher Verbesserungen beeindruckt durch seine Selbstlosigkeit, doch im Zentrum seiner Arbeit stand eine Art von Spannung. Seine doppelten Lösungsansätze lassen sich so verallgemeinern: den Körper erstens durch die Entfernung aus einer bestimmten Luftumgebung schützen und zweitens sorgsam an neue Luftbedingungen anpassen. Wie wir jedoch gleich sehen werden, setzte sich die Isolierung wohl gegen die Anpassung durch.

LUFTARCHITEKTUR

> „Außerhalb von Tucon in Arizona, mitten in der Wüste, eine geodätische Konstruktion aus Glas und Metall, die alle Klimazonen des Planeten im Miniaturformat enthält, wo acht Menschen (vier Männer und vier Frauen natürlich) zwei Jahre lang absolut autark und in einem geschlossenen Kreislauf leben werden – jedenfalls ist das der Plan.“[7]

So beschrieb der Philosoph Jean Baudrillard Biosphere 2, das Experiment mit einer „Miniaturerde“, finanziert von dem texanischen Milliardär Ed P. Bass. Begonnen wurde das Projekt viel früher, schon 1983, vom Institute of Ecotechnics mit Sitz in Santa Fe in New Mexico. Bass hatte eine gemeinsame Finanzierung durch seine Wagniskapitalgesellschaft und das Institut vorgeschlagen; das Unternehmen nannte sich „Space Biosphere Ventures“. Für Baudrillard drückt Biosphere 2 einen endemischen Katastrophismus in der US-Kultur aus. Der echte Planet wird als „verloren eingeschätzt“ und zugunsten eines perfektionierten, isolierten und gefilterten Raums „geopfert“, in dem es keine Raubtiere, keine Krankheiten, keine Kontaminierungen jeglicher Art gibt.[8] Die Erde bringt eine neue, perfektionierte Welt hervor, mit einer perfekten Atmosphäre, perfekter Luft, einen „klimatisierten Klon“, der Raum ist „künstlich“ immunisiert und seine Luft gereinigt. Keine Keime, Mikroben, nichts Fremdes; die Luft - alles - wird aufbereitet. Unter dem glitzernden Äußeren der Halbkugel liegt eine verborgene Innenarchitektur, die die Klimata der Kuppel aufrechterhält. Ein komplexes System aus Trocknern, Pumpen, Kammern und Reglern hält die Luft in Zirkulation, die Organismen am Leben und das Klima konstant.[9]

Die geodätische Form des Bioms wird vielleicht nachvollziehbarer, wenn wir darin die „Kuppelkultur“ oder sogar Bunkerkultur des amerikanischen Futuristen Buckminster Fuller erkennen. In seinem „totalen Denken“ und seiner „vorausschauenden Planungswissenschaft“, die in seiner heute berühmten geodätischen Kuppel umgesetzt wurden, ging es Fuller um die Organisation der eigenen Umwelt für die optimale Zuteilung von Ressourcen. Fullers Zeitgenossen Yves

UNTEN Biosphere 2

OBEN Yves Klein, *Cité Climatisé*
(Die klimatisierte Stadt), 1961, Tusche auf Papier

Klein und Werner Ruhnau begannen 1960 in der größeren Tradition der immateriellen Architektur mit ihrem „Projekt einer Luftarchitektur". 1958 hatte Klein zu seinem 30. Geburtstag eine Ausgabe von *L'Air et les songes* („Luft und Träume") bekommen. Das Werk inspirierte ihn so sehr, dass in seinen utopischen Architekturprojekten die Luft und die Elemente in den Vordergrund rückten und die Vorherrschaft bestehender Baumaterialien zerschlugen. Ihre Stadt legte den Schwerpunkt auf Schutz und Gemeinschaft; sie war mit einem Dach aus Luft ausgestattet, um den Raum zu klimatisieren und zu schützen. Aus Luft entstehen Formen, Luftbetten und Luftsessel, aber es gibt keine echte Unterscheidung zwischen Dach, Wänden und Boden. Die Stadt ist offen und transparent, genau wie die Körper. Alle sind nackt, gesellschaftliche Strukturen werden abgeschafft.

Jüngere Luftarchitektur war 2002 am Neuenburgersee in der Schweiz zu sehen. Das Blur Building, auch die Wolke genannt, ist vielleicht ein gutes Beispiel für die „Luftarchitektur", da das Gebäude im Wesentlichen aus einer Wolke bestand, die ein Stahlskelett aus Laufbühnen und Technologie verbarg und dabei an die kurzlebigen Wolken-Tarntechniken erinnerte, die im Zweiten Weltkrieg getestet wurden. Dank 31 500 Nebeldüsen entstand auf dem See über der Wasserfläche eine Form mit variablen Abmessungen, etwa 90 Meter breit,

OBEN Yves Klein,
Air Architecture
(ANT 102), 1961

OBEN Diller Scofidio, *Blur Building* auf dem Neuenburgersee in der Schweiz, entworfen von Elizabeth Diller und Ricardo Scofidio für die Schweizer Landesausstellung Expo.02

60 Meter lang und 20 Meter hoch. Das Gebäude änderte ständig Form und Größe, da der Nebel die Außengrenzen darstellt. Weil es jedoch aus Luft und Wasser bestand, war das Material des Gebäudes sein ärgster Feind, weil es so empfindlich auf Wind und seine Geschwindigkeit und Richtung, auf Feuchtigkeit, auf kleine klimatische Veränderungen reagierte.

Andere Designs nahmen die Luft an die kürzere, wenn auch transparentere Leine. Im Bereich des aufblasbaren Designs und der pneumatischen Architektur begann etwa die Möbelfirma Zanotta 1968 mit der Herstellung des Blow Chair

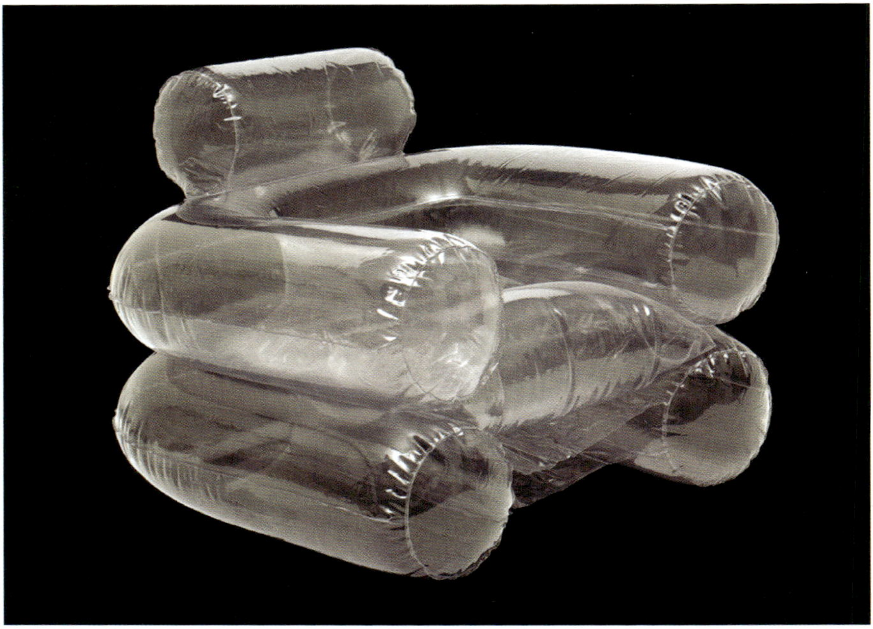

OBEN Zanotta SpA, Blow Armchair, 1967

aus PVC-Folien, die mithilfe des Hochfrequenzschweißverfahrens miteinander verbunden wurden. Der von Jonathan De Pas, Donato D'Urbino, Paolo Lomazzi und Carla Scolari entworfene aufblasbare Sessel entfachte eine allgemeine Begeisterung für aufblasbare Haushalts- und Freizeitobjekte. 1970 reichte das Designkollektiv auch ein Modell einer aufblasbaren Konstruktion für den italienischen Pavillon auf der Weltausstellung in Osaka ein.

Einerseits dienten einige Prinzipien der atmosphärischen Isolierung also als Inspiration für originelle, experimentelle Designs, die ihrerseits sehr interessante und wichtige nachhaltige Experimente anstießen, etwa Tim Smits Eden Project in Cornwall, das 2001 eröffnet wurde. Im Kontrast dazu steht die Künstlerin Mary Mattingly mit ihren anziehbaren Behausungen sowie in jüngerer Zeit ihrem *Air-Ship-Air-City* mit einem Studio, essbaren Gärten, Treibhäusern, Wetterkartierung und Veranstaltungsräumen, in denen „Überlebenskünste" gelehrt werden, alles über den Dächern von New York. Trotz der magnetischen und Elektroschock-Schutzmaßnahmen ihrer Kleidung geht es der Künstlerin in ihrer Vision nicht um Katastrophen und Isolation, sondern um das Zusammenleben in einer gemeinsamen, wenn auch atmosphärisch veränderten Welt. Die Kehrseite dieser Luftarchitektur jedoch ist eine übertriebene Isolation und die Tatsache, dass die ultimative Stabilität der Luft nicht haltbar ist – eine Beherrschung des Elements kann nicht wirklich erreicht werden.

„Besorgt wegen des Klimawandels? Nur keine Panik." Eine der vielleicht besten und boshaftesten Sichtweisen auf die Exzesse der Konzerne und den Klimakatastrophismus ist der SurvivaBall der amerikanischen Aktivistengruppe Yes Men, eine Produktparodie, die sie im Namen der weltweit größten und umweltschädlichsten Konzerne herstellten. Der aufblasbare SurvivaBall ist eine individuelle Lösung für die vorhergesagten Umweltschocks infolge der Klimaerwärmung. Wir könnten im SurvivaBall jedoch mehr als nur einen Scherz sehen, denn leider steht er am lächerlichen Ende eines Kontinuums, das sich als „Kuppel-" oder „Isolierungskulturen" gegen große, globale atmosphärische Ereignisse bezeichnen ließe. Der SurvivaBall überspitzt den Individualismus ins Extrem. Er bietet eine absolut abgeschlossene Fluchtmöglichkeit in ein Inneres, obwohl der Kopf seltsamerweise außerhalb der Kugel bleibt. Er ist ein verteidigungsfähiger Raum, der ein rollendes, molekülartiges Wesen erschafft,

UNTEN Fullers Kuppeln, zu neuem Leben erweckt im Eden Project in Cornwall

OBEN Zwei SurvivaBalls waren im Rahmen der Ausstellung „Keep it Slick: Infiltrating Capitalism with The Yes Men“ (Immer schön geschmeidig bleiben: Die Unterwanderung des Kapitalismus mit den Yes Men) zu sehen, kuratiert von Astria Suparak, Miller Gallery an der Carnegie Mellon University, 2008

das seine eigene Elektrizität erzeugen, sich im Wasser fortbewegen, aus großer Höhe fallen, Energie aus einen Tier ziehen und sich vorübergehend sogar mit anderen SurvivaBalls zusammenschließen kann! Diese „Aggregation“ von Kugeln bietet die Möglichkeit, sich „bei Bedarf unnötiger Einheiten“ zu entledigen. In der Welt des SurvivaBalls wählt man seinen Freundeskreis sehr sorgfältig aus.[11]

Begeben wir uns zurück zur Biosphäre 2, wird auch hier deutlich, dass selbst die Luftisolierung unvollkommen ist, weil etwas fehlt. Das Biom erfordert eine fortwährende Stabilisierung durch seine „Lunge“: Konstruktionen, die den Luftdruck regulieren und über riesige Kühltürme die überschüssige Wärme ableiten. Es braucht eine gewaltige Infrastruktur, um das System zu beobachten, zu überwachen und zu erhalten und alle Bewohner:innen täglich mit dem Vierfachen ihres Körpergewichts an Sauerstoff zu versorgen. Dennoch besitzen die Kuppeln einfach nicht die „erhabene Irrationalität, Maßlosigkeit und Absurdität der Natur“, bedauert Baudrillard. Bei der Konstruktion scheinen die Dinge vergessen worden zu sein, die Leben schenken. In Wirklichkeit war die Biosphäre nicht einmal jemals vollständig versiegelt, nicht vollkommen isoliert. Von Beginn an versagten ihr Klima und ihre Atmosphäre. Kohlendioxid reicherte sich an, einige Tierarten starben – vor allem Honigbienen, was die Bestäubung der Pflanzen verzögerte. Am Ende musste die Luft „gewaschen“ werden, um sie von dem gefährlichen CO_2-Überschuss zu befreien, und es musste Sauerstoff hineingepumpt werden. Wie üblich verweigerte sich die Luft und verhinderte damit ihre problemlose Unterwerfung und Simulation.

PERFEKTE ISOLIERUNG

2012 begann eine der ersten Phasen einer 1,9 Milliarden Dollar teuren Renovierung und Sanierung des Hauptquartiers der Vereinten Nationen in New York. Das Sekretariatsgebäude ist ein klimatisierter, 39-stöckiger modernistischer Wolkenkratzer neben dem Hauptsitz, gegenüber dem trapezförmigen Gebäude der Generalversammlung, in dem sich der zentrale Sitzungssaal mit seiner Kuppeldecke befindet. Mit seiner Form, Atmosphäre und sogar in seiner Sonderstellung als internationale Zone innerhalb des US-Staatsgebietes können wir das UN-Gebäude als ein nahezu perfektes Beispiel für eine riesige Art von Luftblase oder Luftvolumen betrachten, was E. B. White nach dem Zweiten Weltkrieg eine „Inselillusion“ nannte.[12]

White, der Autor von *Klein Stuart* und *Wilbur und Charlotte,* bezeichnete nicht nur die UN-Gebäude als eine Inselillusion. Obgleich Manhattan eine Insel ist, bezogen sich seine Kommentare eher auf die Lebensweise der Menschen in New York, die mit dem „Geschenk der Einsamkeit und dem Geschenk der Ungestörtheit“ gesegnet waren. In der Stadt, so argumentierte er, traf man überall auf Isolierung. Tatsächlich war sie selbst ein Isolator par excellence. Und hätte sie ein kollektives Bewusstsein, wäre sie überrascht, dass sie zum ersten Mal in ihrer Geschichte, in der Welt der Bedrohungen durch den kalten Krieg und der Kuppelkultur-Paranoia, „zerstörbar“ war. White erkannte New York als potenzielles Ziel. In einem Absatz, der nach den Terroranschlägen vom 11. September 2001 einen unheilvollen Nachklang bekam, erklärt White, wie eine „einzelne Flugzeugformation, nicht größer als ein Keil von Wildgänsen, diese Inselillusion mit einem Schlag beenden, die Türme in Flammen aufgehen lassen, die Brücken

zum Einsturz bringen, die unterirdischen Gänge in tödliche Fallen verwandeln und Millionen einäschern“ kann.[13]

In seinen Texten beschreibt White die isolierenden und defensiven Eigenschaften von New York als einen seiner wertvollsten Trümpfe. Die Isolierung hält die Stadt zusammen, in der sich Millionen von Menschen fast denselben Raum und dieselbe Luft teilen, kleine Atmosphären, die durch ein gewisses Maß an Toleranz und Nichtbeachtung voneinander isoliert sind. Das Entscheidende ist: New York gelingt es besser als fast jedem anderen Ort, „das Individuum zu isolieren (wenn es das will, und fast jeder will oder braucht das)“.[14] Doch die Geschenke bergen Widersprüche. Isolierung scheint an die Möglichkeit der Teilhabe gekoppelt zu sein. Er schreibt, wie er bei 30 Grad in seinem Hotelzimmer sitzt, „auf halber Höhe in einem Luftschacht in der Innenstadt. Keine Luft kommt in das oder aus dem Zimmer, und doch bin ich auf seltsame Weise von Ausdünstungen in der unmittelbaren Umgebung betroffen.“[15] Im Gegensatz zu anderen Städten ermöglicht Manhattan den selektiven Rückzug aus diesen Ereignissen. White erklärt:

> „Seit ich in diesem miasmatischen Luftschacht sitze, gab es in der Stadt eine ganze Menge aufsehenerregende Ereignisse. Ein Mann erschoss seine Frau in einem Anfall von Eifersucht. Außerhalb seines Blocks erregte das kein Aufsehen und wurde nur in einer kleinen Notiz in der Zeitung erwähnt. Ich war nicht dabei. Nach meiner Ankunft fand in der Stadt die größte Flugschau statt, die es auf der Welt je gegeben hat. Ich war nicht dabei und auch die meisten der acht Millionen anderen Menschen hier nicht, auch wenn sich wohl eine große Menge dort versammelte. Ich hörte keine Flugzeuge außer einigen Verkehrsflugzeugen, die gewöhnlich über diesen Luftschacht in Richtung Westen fliegen … Ich hörte die Sirenen heulen, aber das war auch alles – wieder ein Abstand von 45 Zentimetern. Ein Mann wurde von einem herabfallenden Sims erschlagen. Ich war kein Teil dieser Tragödie, und wieder spielten die Zentimeter eine wichtige Rolle.“[16]

Mit anderen Worten, das Ereignis ist optional und New York absorbiert es. Das UN-Hauptquartier gehört damit auch zu einem immer schneller werdenden Wettlauf um Isolation in einer Ära der thermonuklearen Zerstörung. Die Gestal-

LINKS Das UN-Sekretariatsgebäude

tung ist ein Versuch, dem „gespenstischen Kurs der Flugzeuge" einen Schritt voraus zu sein. Die Konstruktion der Gebäude ist eine „Ausgliederung" der Institution, eine zweite „innere Stadt, die dieses Mal alle Regierungen schützen soll ... einen Kongress von Besuchern".

Das Designteam für den Komplex war natürlich international und berühmt. Teil der Gestaltung war auch eins der kompliziertesten und teuersten Belüftungssysteme der Welt. Das Land zwischen East River und First Avenue, wo zuvor Schlachthöfe und andere Leichtindustrien angesiedelt waren, hatte John D. Rockefeller der UNO geschenkt. Die Entscheidung, das UN-Hauptquartier in New York einzurichten, wurde am 14. Februar 1946 in London getroffen, wobei der eigentliche Landkauf und die Baukosten erst im folgenden Jahr beschlossen wurden. Das Abkommen zwischen den USA und der Generalversammlung der Vereinten Nationen wurde am 26. Juni 1947 unterzeichnet und verlieh dem Hauptquartier den Status eines internationalen Territoriums außerhalb der Hoheitsrechte der USA.[17]

Der berühmte Schweizer Architekt Le Corbusier gehörte zum zehnköpfigen Designteam an der Seite von Wallace K. Harrison, dem Planungsleiter des Projekts. Wie Biosphere 2 sollte ein umfangreiches Klimatisierungs- und Belüftungssystem in der riesigen institutionellen und hoheitlichen Beton-und-Glas-Blase des UN-Hauptquartiers für jedes Klima sorgen, das die Menschen darin sich wünschten. Das war besonders wichtig angesichts der Tatsache, dass 5400 Fenster aus blaugrünem Isolierglas in die Vorhangfassade des Sekretariatsgebäudes eingelassen werden sollten. Dank dieser absorbierenden und reflektierenden Fassade würde es in den Gebäuden nur mit einem Belüftungssystem aus rund 4000 einzeln gesteuerten Carrier-Weathermaster-Luftansaugsystemen unter jedem Fensterbrett und Jalousien gegen die Sonne auszuhalten sein. Der Entwurf war nicht unumstritten; Le Corbusier forderte hartnäckig, dass an den beiden Glasfassaden des Gebäudes „Brise Soleils" angebracht wurden, eine Art Sonnenschutz, der verhindern sollte, dass die Fenster zu viel Wärme in das Gebäude leiten und die Arbeitsbedingungen unerträglich machen. Le Corbusier brachte sein Anliegen sogar vor den Vorsitzenden des UN-Komitees und argumentierte, dass es wenig sinnvoll sei, in New York zu bauen, „wo das Klima im Sommer furchtbar ist ... Ich sage, das ist gefährlich, sogar sehr gefährlich."[18]

Le Corbusier setzte sich nicht durch, obwohl er es mit seiner Cité de Refuge, einem Gebäude für die Heilsarmee, das er 1929 in Paris errichtet hatte, am eigenen Leib erfahren hatte: Wie ein Treibhaus heizte es sich so auf, dass die Arbeitsbedingungen für die Menschen darin unerträglich wurden. Tatsächlich beklagte sich auch Lewis Mumford darüber, auch wenn das Glas am Sekretariatsgebäude Transparenz vermitteln sollte, hätten die getönten Fenster die gegenteilige Wirkung: Sie warfen jeden Blick von außen zurück und reflektierten, statt Einblick in das Innere des Gebäudes zu gewähren – eine visuelle Zurückweisung des öffentlichen prüfenden Blicks.

Der Cartoonist Bernard „Hap" Kliban griff den Bau des Sekretariatsgebäudes 1950 satirisch mit einem Bild zweier Männer – Pinch und Punch – auf, die den Projektfortschritt beobachten. Eine Zeitungsnotiz vermeldet, dass das Gebäude mit „individuellen Klimaanlagen" ausgerüstet wird, „um die Gesundheit der Mitarbeitenden aus sehr unterschiedlichen Klima- und Temperaturzonen zu schützen".[19] Punch kommentiert: „Ich habe gehört, dass sie sich nicht mal darauf einigen können, welche Temperatur sie drinnen haben wollen ...", woraufhin Pinch erwidert: „Was macht das für einen Unterschied – solange sie es irgendwie schaffen, weiter im selben Gebäude zu arbeiten!"

Luft als umgebender und politischer Isolator folgte der heiligen Dreifaltigkeit der Belüftung: „Holismus, Isolation und Zirkulation".[20] Doch die Probleme der UN-Gebäude stehen in einer längeren Abstammungslinie zusammen mit anderen politischen Kammern wie dem Kapitol in Washington, D. C. und insbesondere dem Debakel über die Houses of Parliament im London des 19. Jahrhunderts. David Boswell Reids Entwurf für die provisorischen Houses of Parliament suchte einen ähnlichen Wunsch nach Isolierung zu erfüllen, auch wenn die Bedingungen ganz andere waren. Reid, hauptberuflich Ingenieur und Belüftungsexperte, war stark an der Neugestaltung der Parlamentsgebäude nach dem Feuer von 1834 beteiligt, das die bestehenden Gebäude arg beschädigt hatte. 1841 wurde er dann auch als „Belüfter" der prächtigen St. George's Hall in Liverpool engagiert.

Reids Prinzipien sind sowohl wegen ihrer metabolischen Darstellung des Parlamentsgebäudes als lebendiger Organismus mit Kopf, Lunge und Körper als auch als Raum für politische Atmosphären interessant, die durch sein System sorgfältig diszipliniert und aufrechterhalten werden mussten. Seine Vision für die Parlamentsgebäude war unglaublich widersprüchlich. Er wollte sie vor dem Gestank der benachbarten Themse bewahren, indem er die Luft durch hohe Belüftungsschächte oder Kamine einsog, die ursprünglich im Victoria Tower und im Clock Tower von St. Stephen's (heute als Elizabeth Tower bekannt, der den berühmten „Big Ben" beherbergt) eingebaut werden sollten. Der Palace of Westminster wurde dabei als Körper gesehen, der durch krank machende Luft bedroht war. Um ihn ausreichend zu isolieren, musste er nicht nur Luft einsau-

OBEN Klimaanlage im Kapitol in Washington, D. C., Foto von Harris and Ewing, aufgenommen in den 1930er-Jahren

gen, sondern im Grunde gefilterte und sorgfältig ausgewählte Luft „atmen", so wie Haldanes Gasmaske die Vorgänge in der Lunge schützte. Die Houses of Parliament bekamen gewissermaßen Atemorgane, um die Luft wie ein Lebewesen zirkulieren zu lassen und damit das politische Leben im Parlament anzufachen.

Reids Beteiligung an den Gebäuden begann schon viel früher, als er von einem erlesenen Komitee unter dem Vorsitz von Sir Benjamin Hawes beauftragt wurde, die beste Methode für die Belüftung und Heizung des Parlaments auszutüfteln. Für Reid war die Außenluft mehr als eine potenzielle Gefahr für die Mitglieder der Kammer, da er die Atmosphäre als politisches Medium betrachtete. Da er die Luft „im selben Licht wie die Nahrung" und den Menschen am Grunde des „großen Luftozeans" sah, überlegte Reid natürlich, dass jedes Mitglied des Parlaments eine gute Luftversorgung brauchte.[21] Unter Reids Verantwortung wurde Luft zum wesentlichen Faktor für die Bekanntmachung der Beratschlagungen und Entscheidungsfindungen des Parlaments, da das wesentliche Medium der Politik der Schall war. Die Kammer war eine „ideale Sprechsituation" oder Maschine, wie Paulo Tavares detaillierter erklärt: „Luft fungiert als das Medium, das die Stimme der Rhetorik garantiert und die passenden Klimabedingungen schafft, damit man warten kann, während man den anderen zuhört."[22]

Aus dieser Betrachtung folgte die vollkommene Beherrschung der Luft in der Kammer mit einer unglaublichen Liebe zum Detail. Reid entwarf das Parlamentsgebäude als pneumatische Maschine – eine Vorrichtung, die unmittelbar auf das Unbehagen der Parlamentsmitglieder reagieren sollte und konnte. Die Luft konnte an die „Gewohnheiten und Gefühle" seiner Bewohner angepasst werden. Winzige Löcher wurden in den Boden gebohrt, „eine Million Öffnungen", die durch einen Teppich aus Haaren führen sollten. Die Sitze wurden so verteilt, dass die Luft nicht in Fußnähe eines Abgeordneten zirkulierte, was eine Kontaminierung durch verschwitzte Füße oder anderen Schmutz oder Exkremente verhinderte, die nach einem Spaziergang durch London eingeschleppt worden sein könnten.[23] Sein Prinzip war das der „universellen Diffusion". Das bedeutete, dass „lokale Strömungen vollkommen angehalten werden können und jede Stelle ihren Anteil frischer Luft mit der geringstmöglichen Bewegung bekommen kann".[24]

Luft und Akustik des Parlaments wurden unter die Lupe genommen wie ein fehlerhafter Sprachmechanismus, der die politischen Reden störte. Warme Luftströmungen wurden beschuldigt, den Schall abzulenken, der von einer Seite des Unterhauses zur anderen wanderte, und die „Satzmelodie unverständlich" zu machen, dafür zu sorgen, dass Worte „erstarrten" wie die Mandevilles in der „nördlichen Luft" einige Jahrhunderte zuvor. Geräusche drangen vom Old Palace Yard herein, von Kutschen, Taxis und Omnibussen, und je nach Windrichtung konnten undeutliche Laute von einem Haus zum anderen gelangen. Bei der Neugestaltung von Form, Konstruktion und Luft der Kammer reitet Reids Bericht nahezu auf der Druckwelle, die die Reden der Mitglieder durch den Raum und über das Belüftungssystem nach draußen trägt.[25]

Reids Plan für das behelfsmäßige Parlament scheint gut angekommen zu sein. Seine Luft erfüllte ihre Arbeit als politische Atmosphäre fast auf den Punkt. Lord Sudely stellte im Oberhaus fest, dass sie in der Tat „vollkommen zufrieden" waren, und Sir Benjamin Hawes, der Vorsitzende des Komi-

OBEN Zeichnungen nach David Boswell-Reids Entwürfen für die Belüftung der Houses of Parliament, 1835

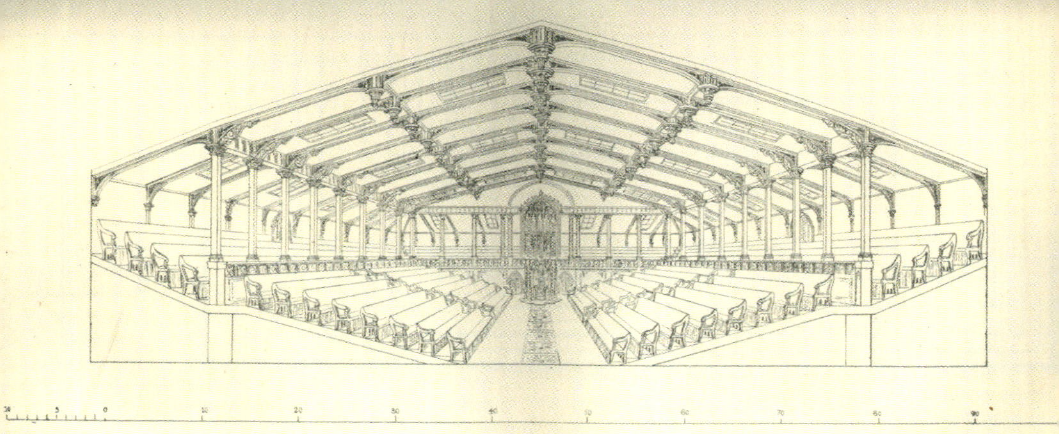

OBEN Reids Steuerung der Luft im House of Commons, 1834

tees für Akustik und Belüftung und Gründer der Royal Humane Society, auf die wir später noch zurückkommen werden, sagte zu Reid: „Sie haben den Publikumsverkehr erleichtert und das Leben von Personen öffentlichen Lebens verlängert."[26] Doch nicht alles lief rosig für Reid; seine Beteiligung am neuen Parlament nahm durch sein erbittertes Zerwürfnis mit dem Architekten Charles Barry, Rechtsstreitigkeiten und schließlich seine Entlassung aus dem Projekt eine ganz andere Richtung. Auch entkam seine Arbeit an der Parlament-Zwischenlösung nicht dem Spott. Tatsächlich stellte das System, für das man sich im neuen Parlament schließlich entschied, Reids Entwurf fast vollständig auf den Kopf und machte aus der Isolierung von der krank machenden Themseluft ein System, das vor allem die gefährliche Luft nach draußen leitete, die sich im Gebäude sammelte.

Das größte Problem mit Reid bestand darin, dass er an seinen eigenen „vollkommenen" Prinzipien festhielt, die sich immer nur unvollkommen umsetzen ließen. Seine Kontrollmaßnahmen schienen übertrieben, Reid wurde von einer beliebten Londoner Zeitschrift als „Luftpedant" beschrieben, der mit schulmeisterhafter Strenge die Luft diszipliniert. Die Luft war

> „nicht mehr der ‚verbriefte Freigeist' wie in alten Zeiten, sondern wird so genau beobachtet und überprüft, dass alle schlechten Winde oder Ausdünstungen, die auf der Straße zu finden sind, von der Belüftungspolizei in Gewahrsam genommen und in gefängnisartigen Behältern zu schwerer Arbeit verdonnert werden, aus denen sie erst entlassen werden, wenn ihr *Charakter* sich vollkommen verändert hat ...
>
> Von oben nach unten – von innen nach außen – rückwärts oder vorwärts – Luft, die sich selbst weich macht, indem sie auf andere Luft trifft – Dr. Reids Universalsystem ist für jeden Notfall gerüstet und kann sich allen Anforderungen anpassen; es gibt kein Hindernis und keine Schwierigkeit, die sich nicht – nach Dr. Reids eigenem Empfinden auf höchst befriedigende Weise – lösen lässt, solange nur genügend Geld fließt."[27]

Reid hatte 34 Arten von Luft identifiziert. Die systematischen Teile seines Buchs umfassten 30 Kapitel, 857 Absätze und 330 Diagramme. Darin spaltete Reid Luft und Haare und sein Werk ähnelte, so hieß es, einem „Soufflé".

Später ließ Reid sich in den USA nieder, wo seine Ideen mit mehr Begeisterung aufgenommen wurden, vor allem, als Belüftung zum unmittelbaren Instrument der Sozialfürsorge wurde und nicht mehr der politischen Elite vorbehalten war. Belüftungstechniken wie die von Reid wurden als Wundermittel gegen die Atemwegserkrankungen in der Bevölkerung betrachtet, zusammen mit dem Monitoring überfüllter Mietskasernen in Städten wie New York und Chicago durch neue gesundheitspolitische Maßnahmen. Auf der Grundlage von Elisha Harris' Arbeit und dem Faible der Reformierenden für neue „grundlegende" statistische Maßnahmen erwies sich die Lehre von der Belüftung als ein deutlich „konkreterer" Ansatz, der sich im größeren Maßstab des Stadtklimas anwenden ließ.[28] Sie war eine „logische Erweiterung" der Entwicklungen in anderen Programmen zur Verbesserung der sanitären Einrichtungen und der Belüftung in Gebäuden. In Großbritannien plante der berühmte Sanitärreformer Edwin Chadwick mir Dr. Neil Arnott sogar die Gründung einer „Pure Air Company", mit der sie saubere Luft von hoch über der Stadt in ihre Straßen und Gebäude „saugen" wollten.[29] Diese „Umarbeitung" der atmosphärischen Systeme von Städten sollte durch ein komplexes System von Ventilatoren und Schornsteinen frische Luft in verschmutzten Straßen verteilen.[30] Doch trotz des verbreiteten Glaubens an Belüftung beunruhigte Reids Kritiker wohl am meisten, dass seine obsessiven Kontrollmaßnahmen über die Atmosphäre zu einem noch größeren Ärgernis wurden als die Luft, vor der er die Menschen schützen wollte.

DAS „UNÜBERTREFFLICHE RÄUCHERMITTEL"

In Kiplings Welt in *Schlichte Geschichten aus den indischen Bergen,* die in der kolonialen Bergstation in Simla (heute Shimla) spielen, ist die Luft wieder eine Inselatmosphäre. In dieser Geschichte über einen Keimwissenschaftler, der seine Erfindung dem Vizekönig präsentiert, besteht die Ironie darin, dass bei der Entfernung gesundheitsschädlicher Keime aus der Luft der Bergstation diese nur durch ein anderes Ärgernis ersetzt wird. Pulverrauch, der den Keimen entgegenwirken soll, macht die Räume im Herrenhaus vollkommen unbewohnbar und war nicht lange zu ertragen. Doch genau dieser Wunsch, sich von der Luft abzusondern – durch den Versuch, Keime durch Rauch fernzuhalten –, untermauerte den Zweck der Bergstation in Großbritanniens größerem Kolonialvorhaben. Dies war die atmosphärische Loslösung der Verwaltung des britischen Kolonialreichs vom Rest von Indiens Luft und seinen Menschen.

„Er tauchte seine glimmende Zigarre in das Pulver, und es begann zu dampfen wie ein Vulkan. Schwere, fettige, kupferfarbene Rauchringe stiegen auf, und im Handumdrehen füllte sich das Zimmer mit einem beißenden, widerlichen Geruch, einem Gestank, der einem gewaltsam die Kehle zuschnürte. Das Pulver sprühte und zischte und schoss blaugrüne Funken, und der Qualm stieg auf, bis man weder sehen, noch hören, noch atmen konnte."[31]

In dieser Szene in „Peterhoff", dem Palast des Vizekönigs in Simla, waren die Menschen im Haus bereits geflohen und husteten das Pulver am Fuß der Treppe aus. Die Wachen stürmten herein, um den Störfall zu untersuchen, während die Damen nach unten liefen und „Feuer" schrien. Der Rauch bewegte sich weiter, „schwelte durch die Fenster, schwoll auf die Veranden und kräuselte und säuselte", niemand konnte das Haus und den Raum betreten, in dem E. S. Mellish sein neues Produkt demonstrierte, sein „unübertreffliches Räuchermittel". Am Fuß der Treppe stand vornübergebeugt hustend der Vizekönig und stöhnte: „Großartig! Großartig! ... Nicht ein Bazillus kann leben bleiben. Sie haben ganz recht. Ich kann's beschwören. Ein glänzender Erfolg!"

Die britischen Amtsträger vertrugen die indischen Sommer nicht.[32] In den Niederungen, an der Küste und in den Ebenen forderten die Luft und die Hitze, der Staub und der Lärm ihren Tribut. Die Angehörigen der Kolonialmacht entwickelten eine nostalgische Sehnsucht nach daheim. Sie schufen ein kleines Stück davon in den höheren und kühleren Klimazonen der Berge. Die Madras-Regierung hatte die Nilgiri-Berge, in Bengalen war es Darjeeling und in Burma die Stadt Maymyo (Pyin Oo Lwin). Diese Bergstationen waren das Zuhause der Sommerverwaltung des britischen Kolonialreichs und Rückzugsorte für Indiens Eliten. Später wurden daraus Sommerfrischen für die aufkeimende Mittelschicht des Landes. Während des übrigen Jahres sehnten sich Indiens Verwalter nach der Höhe und dem Komfort von Decken, Holzfeuern und Gerüchen, „ein Hauch von gesägtem Holz aus den Läden der Tischler, vom berauschenden Duft harziger Kiefernnadeln, auf die man bei einem Picknick an einem sonnigen Nachmittag tritt".[33]

Bergstationen wie in Darjeeling und Udagamandalam (früher anglisiert Ootacamund genannt, kurz: Ooty) waren mit Verwaltungsmaßnahmen gekoppelt, die das Wesen der Bevölkerung, neu gedacht als atmosphärische Subjekte, untersuchen und beherrschen wollten. Die Bergstationen waren hauptsächlich Orte der Gesundheit, Erholung und Freizeit, errichtet in einer heimeligen Ausführung, die den englischen Landsitz wiederauferstehen ließ. Sie waren „kühl, grün und menschenleer. Der Kontrast zum Tiefland schien die Frage aufzuwerfen: ‚Kann das Indien sein?'"[34] Im Fall von Udagamandalam vermittelten Beschreibungen wie die von Tennysons „milder, halb englischer Luft" bis hin zu einem späteren Lobgesang auf seinen Wert als „eine Insel britischer Atmosphäre über dem indischen Tiefland", dass es sich um einen Ort handelte, an den man sich flüchten konnte.[35] Das Klima des „anderen" wird mit den Eigenschaften des Sicheren und Vertrauten neu definiert – Lord Lytton beschrieb die Sommerhauptstadt der Präsidentschaft Madras so: „Ich kann bestätigen, dass es ein Paradies ist. Der Nachmittag war regnerisch und die Straße schlammig, aber es war ein herrlicher englischer Regen, ein köstlicher englischer Schlamm."[36]

„Snooty Ooty" (versnobtes Ooty) war wohl der Gipfel der Atmosphäre, die für Indiens Verwaltung reserviert war und die auf einen Ort zurückging, an dem man „an der Mall von Simla Luft schnappen" konnte. Die Stationen waren Orte des Müßiggangs und des Tratsches, an denen ausgelassene Vergnügungen, Tennispartien und Kostümbälle stattfanden. Es überrascht kaum, dass angesichts dieses Exodus viel über die „schlimme Schande" oder den „Verfall des Pflichtbewusstseins" gesprochen wurde. Der Eindruck, die Regierung befinde sich „außerhalb menschlicher Kritik, um nicht zu sagen menschlicher Beobachtung, inmitten der wolkenumkränzten Berge und der heiteren Brisen von Simla", förderte ein Gefühl der wachsenden Loslösung der Kolonialmacht von den Kolonialisierten.

Die indische Luft war jedoch nicht für alle ein solches Problem. Die Analyse der Tagebücher von Frauen fördert die eintönige Welt zutage, in der sich viele Migrierte nach ihrer Rückkehr nach England wiederfanden, ihre beiden Existenzen in zwei klar abgegrenzten Luftsphären voneinander getrennt. „Das indische Leben war unser echtes Leben", erklärt Vera Birdwood, während „die seltsamen, beinahe entseelten Urlaube in England, wo wir uns amüsierten und die gute englische Luft atmeten", eher langweilig waren.[37] Auf diesen Besuchen zu Hause unterscheiden sich Heimat und Ferne durch die Luft. Iris Portal erinnert sich, wie sie „am Fenster des Esszimmers dieses hohen, dunklen Hauses stand, in den Regen hinausblickte" und sich fragte, „warum es nirgendwo Farben gab"; „diese Luft fühlte sich bleiern oder leblos an, ich meine nicht so sehr im klimatischen Sinn, [sondern] atmosphärisch", erklärte sie.[38]

Selbst die Reisen in die Bergstationen waren Geschichten von Abkapselung und Mittelschichtskomfort, die im modernen Indien wiederholt werden sollten, wo man ähnlich wie die kolonialen Vorbilder sein Heil in der Flucht suchte. Die indische Schriftstellerin Anita Desai erinnert sich heute mit einiger Wonne

OBEN Die ehemalige Residenz des Vizekönigs (Rashtrapati Niwas) in Shimla

an die Unbequemlichkeiten und die kleinen Beschwerlichkeiten der ruckeligen Eisenbahnfahrt in die Berge. Fast könnte man sie dabei für die Ghostwriterin von Kipling halten. Nachdem sie die Koffer gepackt hatten und „das Reisefieber uns in die Kehle stieg, bis uns schlecht wurde“, drängten sich Anita und ihre Geschwister auf dem Weg zum alten Bahnhof durch „die schmierigen, stickigen Basare, auf denen sich alle auf der Suche nach Luft auf den Gehwegen ausgestreckt zu haben schienen“.[39] Sie erinnert sich an elektrische Ventilatoren, die wie Fliegen unter der Decke summten, „bevor es Klimaanlagen gab, die nicht nur für kühle Luft sorgten, sondern auch vor Ruß und Schmutz schützten, sodass saubere Bettwäsche, Vorhänge und Teppiche möglich wurden“. 1939

OBEN C. B. Young, *Nainital, Kurmaon, N. W. Provinces, India,* 1874, Öl auf Leinwand

stellte das Municipal Committee von Simla fest, dass unter den Gästen immer mehr Ärzte, Lehrerinnen, Studierende, Grundherren und Geschäftsleute waren.

Heute drücken sich jedoch die Beeinträchtigungen durch Luft nicht mehr im Exil der indischen Regierung in den Bergen aus oder in der Suche der indischen Mittelschicht nach Befreiung. Wenn wir genau hinsehen, befinden sich die neuen Bergstationen Indiens und unseres verstädternden Planeten tatsächlich in der Stadt, wo extravagante und autarke Wohnhochhäuser wie „Antilla" in Mumbai zeigen, wie die Superreichen sich von der verschmutzten Luft abschotten, die Schätzungen zufolge die fünfthäufigste Todesursache im Land ist. Gleichzeitig hat eine kleinbürgerliche Stadtgemeinschaft es geschafft, dass

Gesetze erlassen wurden, die de facto groß angelegte Ausweisungen und Vertreibungen ganzer Bevölkerungsgruppen sind, all das wegen lokaler atmosphärischer Unannehmlichkeiten.[40]

Zur Krise kam es in Delhi 2000, als 98 000 kleine „umweltschädliche" Gewerbebetriebe abgerissen wurden, um ein Umweltschutzprogramm voranzutreiben, das eine ästhetische und gesellschaftliche Reinigung vorsah. Nach der Schließung der kleinen Umweltverschmutzer kam es zu schweren Aufständen und gesellschaftlichen Unruhen, als Delhis Slums als Entstehungsort der Umwelt- und Sozialprobleme der Stadt identifiziert wurden. Sickernde Flüssigkeiten, Exkremente, inoffizielle industrielle Schadstoffe und Hausmüll stellen eine gesundheitsschädliche Bedrohung für die gesellschaftliche Ordnung und die ästhetische Empfindsamkeit der aufstrebenden urbanen Mittelschicht dar. Fabriken, die alte Schwerindustrie und Abwasser produzierende Herstellungsprozesse sollten „aus dem Blickfeld genommen" werden. Man zwang die Beschäftigten, weit weg von den Augen, Ohren und Nasen der Wohlhabenden zu

UNTEN Government House, Udagamandalam, 1909

leben. In den folgenden zehn Jahren verkleinerte und räumte Delhi seine Slums, und die neue Definition von „Beeinträchtigung“ führte zur Vertreibung und Kriminalisierung der Slumbevölkerung. In dieser neu entstehenden rechtlichen Kategorie sind die Behausungen, aus denen die Slums bestehen, untrennbar mit ihrem Status als gesellschaftliches Ärgernis verknüpft. Darüber hinaus werden die Menschen in diesen Behausungen von jeder Kategorisierung als vernünftige Bürger:innen mit einem Recht auf öffentliches Land ausgeschlossen, weil der allgemeinen Auffassung nach nur „unvernünftige“ Menschen so leben und die Umwelt verschmutzen.

Es gibt noch andere Erfahrungen mit der Slumluft, die berücksichtigt werden müssen. Erzählt man dieselbe Geschichte aus der Perspektive der Menschen, die dort wohnen und als Belästigung abgestempelt werden, wird klar, dass sich diese Lebensweise nur sehr schwer ändern lässt. Die inoffizielle und unzureichende sanitäre Ausstattung in Rafinagar in Mumbai ruft vor allem bei denen Ekel hervor, die gezwungen sind, unter diesen Umständen zu leben. Forschungen zeigen, dass die Verrichtung der Notdurft im Freien angesichts der unzureichenden Ausstattung mit Toiletten manchmal die einzige Option ist und private Verrichtungen in den öffentlichen Raum drängt, an Straßenränder, in Gärten und auf Brachflächen in der Nähe kommunaler Toilettenblöcke.[41] Narrative des Entkommens aus diesen Atmosphären gibt es viele. So erzählt ein Handlungsstrang in Danny Boyles Film *Slumdog Millionaire* (2008) von dem Jungen Jamal, der von einem Slum in die Wolkenkratzer von Mumbai gelangt, wo er mit seinem älteren Bruder Salim die Aussicht genießt; während sie tief die frische Luft einatmen, zeigen sie von oben auf die Gegend, in der sie einmal gewohnt haben.[42]

LINKS „Antilla“, Mumbai

DIE LUFT IST DER FEIND

Es ist gut möglich, dass künstlerische und politische Bewegungen das Scheitern des Isolierungsimpulses vorhersahen und Versuche unternahmen, ihn zu untergraben oder lächerlich zu machen. Am 22. Juni 1963 wurde in der Galleri Exi im dänischen Odense die Ausstellung „Destruction of RSG-6" eröffnet. Sie fand im Keller statt, und das aus gutem Grund: Sie nahm Bezug auf einen Atombunker einer britischen Regionalregierung, der von einer Gruppe Aktivist:innen in Reading entdeckt worden war. Die „kondensierte unterirdische Version" des Bunkers war ein Anzeichen für die „pathologische Maßlosigkeit" der Gesellschaft, ihre fehlende gesellschaftliche Gesundheit. Ihre Prognose war eine Welt voller Schutzräume, ein „klimatisiertes Tal der Tränen".

Der niederländische Arm der Situationistischen Internationale versuchte, die Offenlegung der britischen Atombunkerpolitik weiterzuführen, indem er seine Luft reproduzierte. Man beabsichtigte, ein ausdrucksstarkes, schockierendes Ergebnis zu erzielen, indem man den Schutzraum simulierte, aber anders. Er sollte dieselbe „Atmosphäre" haben, aber mit einem „nachdenklich stimmenden Ambiente". Im ersten Raum der Galerie befanden sich Sirenen, Pritschen und Leichen. Im zweiten wurden Bilder von Politikern an die Wände gehängt und das Publikum sollte mit einem Gewehr auf sie schießen. Wer das Auge eines Politikers traf, gewann einen Ausstellungskatalog. Guy Debord schlug sogar vor, dass das Licht „schwach und unangenehm" sein sollte und dass „die Luft wegen übermäßig viel Deodorant darin schwer zu atmen [ist]. Zwei Assistenten in Atomschutzanzügen (Schutzkappe, Schutzbrille) zwingen die Leute, 10 Minuten in diesem Raum zu bleiben."

Der amerikanische Architekturkritiker Lewis Mumford beschreibt Leo Tolstoys Satire des modernen Menschen, der „die Fenster seines Hauses luftdicht verschließt und die Luft mechanisch nach draußen leitet, damit er mithilfe einer noch extravaganteren mechanischen Apparatur wieder Luft hineinpumpen kann – statt einfach das Fenster zu öffnen".[43] Tolstoy kann nicht wirklich geglaubt haben, dass seine Vision tatsächlich Wirklichkeit werden würde, die nicht wegen der krank machenden, schlechten Luft der unbelüfteten Stadt umgesetzt wird, sondern routinemäßig von Architekt:innen und Designer:innen von Privathäusern und öffentlichen Gebäuden, sogar „mitten auf dem offenen Land". Mumfords Cartoon für das Magazin *Survey* aus dem Jahr 1925 fängt diese Verrücktheit teilweise ein. Er zeigt eine Skizze, die an Hugh Ferriss' Zeichnung von New York im Jahr zuvor erinnert. Zwei winzige Figuren stehen auf einem Gebäude und sehen zur Skyline von New York auf. „Jawohl", sagt die eine, „das

OBEN Die Luftverschmutzung ist in Delhi noch immer ein grosses Problem.

ist die Stadt der Zukunft! Wolkenkratzer mit zweihundert Stockwerken! Die Luft wird vom Land hineingepumpt. Jeder Kubikmeter Raum wird Tag und Nacht genutzt. Mechanisch perfekt!" Der andere ruft: „Fantastisch! Wird irgendjemand dort wohnen?"[44]

5 SPIEGELUNGEN

Und wandte sich nach rechts, und seine Schritte
gehn über Plätze und durch fahle Straßenzüge,
worin mir ist, als ob ich sie zum zweiten Mal durchlitte,
und enden richtig unterm Turm, der ungefüge
den Friedhof überragt – dort tönt es wieder wie aus einer Gruft
Hier starb der Glaube an dem Gift der Grabesluft.[1]

In James Thomsons Gedicht *The City of Dreadful Night* (1880, dt.: *Nachtstadt,* 1992) ist die Luft eine albtraumhafte „Grabesluft", die Dinge und Menschen unter ihrem dicken Baldachin niederdrückt. Die Vernunft und sogar die Zeit werden in der Schwebe gehalten. Das Leben ist nahezu nicht lebbar.

In der Dämmerzone zwischen Schlaf und Wachen erleben wir das seltsame Verziehen und Verformen von Zeit und Raum, wenn wir eine ruhelose Nacht voller unruhiger Gedanken, Fantasien und Halluzinationen verbringen. Luft kann stören. Wenn die Nachtluft zu warm und zu dicht ist, zu heiß, wachen wir schweißgebadet auf und liegen frustriert wach. Thomsons Gedicht erzählt von der melancholischen Stimmung eines Spaziergängers, den die Suche nach Ablenkung von seinem erschöpften Ich in die Nacht hinaustreibt. Seine Bemühungen, die Situation hinzunehmen, sind ermüdend und anstrengend. Die Welt erscheint dem Schlaflosen als eine Art blaugraues Bühnenbild. Er befindet sich in einer Zeit, die sich kurz vor der Morgendämmerung endlos zu dehnen scheint – eine gebleichte oder monochrome Zeit, als wären die Farben ausgewaschen worden. Die Welt ist ihrer Leuchtkraft beraubt. Dinge verwesen und verrotten, während der Spaziergänger in Gedanken durch die Finsternis stapft. Die Luft hält eine deprimierte Psyche in der Schwebe, geplagt von Müdigkeit und der Sehnsucht, sich den Träumen zu ergeben, in den Schlaf zu fallen. Die Erkenntnis, dass der Morgen dämmert, hüllt die Welt in Verzweiflung. Der Tag kommt zu schnell.

Ellsworth Huntington, Geografieprofessor in Yale und Geodeterminist, sah etwas im Klima lauern, das höhere Raten von psychischen Gesundheitsproblemen verursachte. 1915 hatte er *Civilization and Climate* veröffentlicht und darin dafür plädiert, dem Klima im Hinblick auf den Fortschritt der menschlichen Gesellschaften einen größeren Stellenwert einzuräumen, womit er in vielerlei Hinsicht an Hippokrates anknüpfte. Das Wetter, argumentierte er, ließe sich damit vergleichen, wie ein Kutscher sein Pferd behandelt. Am schlimmsten wäre seiner Meinung nach ein Klima, das einem Kutscher entspräche, der „seinen Pferden die Peitsche gibt und sie ständig zwingt, an ihre Grenzen zu gehen. Eine Weile kommt er schnell voran, doch letztendlich richtet er seine Tiere zugrunde."[2] Die Entsprechung wäre ein Klima, das „immer stimulierend" ist und in dem „nervöse Erschöpfung wahrscheinlich ist und Wahnsinn alltäglich wird". Am besten wäre der Typ Kutscher, der „seinem Pferd manchmal die Peitsche gibt und es manchmal Schritt gehen lässt, das Tier aber hauptsächlich mit der Stimme sanft antreibt und es dann mit dem Zügel leicht lenkt". Das Antreiben und Lenken helfe dabei, die Kraft des Tieres zu erhalten. Ein analoges Klima hätte genügend Variationen, um stimulierend zu sein, aber ohne die Erschöpfung oder die nervliche Anspannung.

Weil er Suizid als Symptom psychisch auslaugender klimatischer Bedingungen betrachtete, korrelierte Huntington die Suizidraten in den USA mit dem Wetter in den einzelnen Bundesstaaten. Die meisten Fälle fand er in Regionen, in denen es besonders starke Temperaturschwankungen gab. Die Menschen in Kalifornien, behauptete er, seien wie „Pferde, die an ihre Grenzen gebracht werden, sodass einige von ihnen über Gebühr ermüden und zusammenbrechen".[3] Die allzu „einheitlich stimulierenden" Nebel, die vom Meer heranziehen, gefolgt von sonnigem, warmem Wetter, argumentiert Huntington, seien vielleicht der Grund dafür, dass Kalifornien die höchste Suizidrate in den Vereinigten Staaten habe. 1922 waren es pro 100 000 Menschen 47,8 in San Diego, 37,9 in Sacramento und 30,4 in San Francisco. Gegenüber den 15 Suiziden pro 100 000 Menschen in den Städten im Osten war das ein bemerkenswerter Unterschied.

Auch wenn seine Arbeit heute als sowohl deterministisch als auch reduktionistisch gilt, hatte sie einen großen Einfluss. In seiner Arbeit für das *Atmosphere and Man Committee* („Ausschuss Atmosphäre und Mensch"), dem er 1922 vorsaß, erforschte Huntington Orte und Technologien, die die Abweichungen vom idealen, behaglichen Klima unter Kontrolle bringen könnten. Der Ausschuss bestand aus einer Gruppe einflussreicher Personen aus Wissenschaft, Industrie und Politik in Nordamerika und würde später die flächendeckende Verbreitung der neuen Klimaanlagentechnologie beeinflussen, vor allem im Süden der USA, ohne allerdings die Folgen für die Umwelt zu berücksichtigen.[4] Die Klimaanlagen, denen wir im letzten Kapitel begegnet sind, wurden von Willis Haviland Carrier erfunden. Carrier erhielt 1906 ein Patent auf seinen „Apparat zur Behandlung von Luft". Es war das erste in einer Reihe von Patenten, die die „Kontrolle der Luft" in den Zuständigkeitsbereich professioneller Ingenieure verlegte und ermöglichte, dass Innenräume regelmäßig gekühlt und die Luftfeuchtigkeit nach oben oder unten korrigiert werden konnten. Nachdem er 1915 die Carrier Engineering Corporation gegründet hatte, ging die Entwicklung der Klimatisierung nur langsam voran; nach dem ersten Weltkrieg fand sie schließlich in Kinos und Kaufhäusern dauerhafte Verbreitung, etwa 1926 im „Hudson's" in Chicago.

Die Klimaanlage erzeugte in gewaltigem Maßstab isolierte Inseln aus kühler Luft und bot damit einen „Komfort", der auf ganz bestimmte körperliche und kulturelle Empfindungen der Luft abzielte. Vielleicht gelingt es uns über diese Inseln, die Isolierungsprinzipien der Luft und ihre schädliche Wirkung auf einer intimeren, psychologischen Ebene zu erfassen.

OASE

Die Luft scheint sich zu kräuseln, zittert in der Hitze, die mehr nach Dampf aussieht. Eine undeutliche Form wird sichtbar und scheint immer größer zu werden, wie ein Turm, der unaufhaltsam näher kommt. Die Form wird zu einem Pferd mit Reiter. Lawrences Wüstenführer stürzt los und holt eine Waffe. Peng! Der Beduine Sherif Ali hat den Führer aus unvorstellbarer Entfernung mit seinem Gewehr erschossen. Das ist der „Schlag in die Magengrube", den David Lean dem Publikum in der klassischen Szene seines Epos *Lawrence von Arabien* (1962) verpassen wollte, als T. E. Lawrence Ali zum ersten Mal begegnet. Es ist auch einer der meistbejubelten Auftritte im Film. Die Luftspiegelung ist für Lawrence nichts Ungewöhnliches, sie ist sowohl in der kolonialen als auch der islamischen Literatur ein häufiges Klischee - *saraab* ist das arabische Wort für „Luftspiegelung". Lawrence hatte versucht, die Fata Morgana auf seinen eigenen Film zu bannen. In seinen Tagebüchern findet sich am 17. Juli 1911 folgender Eintrag: „Viele Luftspiegelungen: Habe versucht, eine Lache zu fotografieren, scheiterte aber: Auf der Mattscheibe war nichts zu sehen." Die Spiegelung verzerrt einen Turm in Harran (im Süden der Türkei), der „verlängert" erscheint, als er darauf zureitet. Der Turm „schwankte und wippte auf die fantastischste Weise, bald von oben nach unten erzitternd, bald sich nach rechts oder links neigend, bald einen tiefen Knicks nach vorn ausführend".[5] In Leans *Lawrence* hingegen ist die Luftspiegelung zunächst die hypnotisierende Eintönigkeit der

Wüstenlandschaft, bevor sie zu einer Bedrohung wird, eine kontemplative Blase, die mit dem Schock des Schusses platzt.

Die Fata Morgana in der Wüste drückt das „Fantastische“ und Überbordende der Landschaften des Nahen Ostens aus. Robert Southeys 1801 veröffentlichtes Gedicht *Thalaba the Destroyer* („Thalaba der Zerstörer“) ist beispielhaft für diese Art von Texten. *Thalaba* erzählt eine fantasievolle Geschichte über Zauberei, in der die „heiße Luft zittert und der schwüle Nebel über die Wüste treibt“.[6] Southey und andere Schriftsteller bedienten sich großzügig bei den Beschreibungen des Nahen Ostens in Quellen wie *Shaw's Travels* (dt. *Herrn Thomas Shaws ... Reisen*), wo das Phänomen mit einer „Ansammlung von Wasser“ verglichen wird. In der Morphologie der Spiegelung schimmert ein koloniales Verlangen nach dem, was nicht besessen werden kann. Es zieht sich stets zurück. Die Fata Morgana ist ein Zittern des Wüstenatems, eine falsche Erscheinung.

UNTEN Luftspiegelung

Tatsächlich wird eine Luftspiegelung durch Unterschiede in der Lufttemperatur verursacht, die das Licht brechen. Was Lawrence wirklich sah, war ein Spiegelbild des Himmels auf der Wüste, da die Lichtphotonen den schnellstmöglichen Weg nehmen, den die aufgeheizte Luft über dem extrem heißen Wüstensand bestimmt. Mit anderen Worten, die Wüste spiegelt den Himmel, weil das Licht einem gekrümmten Pfad folgt und keinem geraden. So kann die Luft Dinge dort erscheinen lassen, wo sie gar nicht sind.

Der Südstaaten-Historiker Robert Arsenault untersuchte die wesentliche Rolle der Klimaanlage bei der radikalen Umformung der Luft in öffentlichen Gebäuden, an Arbeitsplätzen und zu Hause und die Auswirkungen auf die Verteilung der Menschen der USA. 1960 waren 20 Prozent der Privathäuser im Süden mit einer Klimaanlage ausgestattet, 1973 hatten 80 Prozent der Autos eine Klimaanlage und sie wurde schon fast als eine Art verbrieftes Recht empfunden. Das trug jedoch auch zu einer massiven Verlagerung der Bevölkerung bei, die sich aufgrund sinkender Sterblichkeit zwischen 1930 und 1980 nahezu verdoppelte und interessanterweise auch zu neuen Reisegewohnheiten und Wanderbewegungen in den „Sonnengürtel“ führte. Die Volkszählung von 1970 bezeichnete die *New York Times* als „Klimaanlagen-Erhebung“, weil sie erfasste, wie die Technologie immer stärker dazu beitrug, im Süden ein attraktives und angenehmes Umgebungsklima zu schaffen, selbst im Sommer. Sydney F. Markham identifizierte 1942 in seinem Buch *Climate and Energy of Nations* eine neue symbolische Grenze hinter der Mason-Dixon-Linie, die die Nation spaltete. Eine „Achse der Kultur“ schien aufgrund des Klimas und der Luft möglich; eine effektive Grenze, die den nationalen Fortschritt hemmte.

Seit in Dubai 1966 Öl gefunden wurde, wirkt das Emirat an der Südostküste des Persischen Golfs wie eine moderne Form der Fata Morgana. Heute ist das Land ein Zentrum der Finanzdienstleistungen, der Immobilien und des Tourismus. Wie Alis Gewehrschuss wirkt Dubai wie ein materieller Schock auf der bis zu 50 Grad heißen Arabischen Halbinsel, ein seltsames hypermodernes Spektakel des Konsumkapitalismus. Der Stadtforscher Mike Davis beschrieb es als „eine unheimliche Schimäre … eine halluzinatorische Nachahmung des Großen, des Schlechten und des Hässlichen“. Überall finden sich Inseln, geschlossene Wohnanlagen und gigantische monolithische Bauten wie der 2010 fertiggestellte Wolkenkratzer Burj Khalifa – ein halbleeres 4,1-Milliarden-Dollar-Gebäude, das sich wohl eher als Filmkulisse eignet. Die klimatisierten Biosphären des Luxus, die Dubai im lebensfeindlichen Wüstenklima geschaffen hat, sind ein unglaublich passendes Sinnbild der Stadt. Und noch immer entstehen weitere Swim-

OBEN Ski Dubai

mingpools, Einkaufszentren und Indoor-Skihänge. Dubai ist nur möglich wegen des Umgangs mit seiner Luft, die dazu gebracht wird, die Menschen in seiner Freizeitpark-Umgebung abzukühlen. Sobald der Wirtschaft das Öl ausgeht, die ausgebeuteten ausländischen Arbeitskräfte in ihre Länder zurückgekehrt sind und der Gästestrom versiegt, fällt der ganze Ort wahrscheinlich wie Wüstensand in sich zusammen.

Anklänge an diese Agora klimatisierter Konsumräume finden beziehungsweise fanden sich in den Militärbasen im Nahen Osten. Außer am Persischen Golf waren die US- und andere internationale Truppen auch an Orten wie Kandahar in Afghanistan stationiert. Für den Klimatechnikexperten Stan Cox liegt eine gewisse Ironie und Verrücktheit in der Bewegung oder Versetzung militarisierter Luft in diese Kontexte – weitläufige Umgebungen mit gekühlter Luft, die an die unwahrscheinlichsten Orte gebracht werden. Möglich sind solche Basen nur wegen der Verfügbarkeit von Öl. Laut Cox wurden 2008 rund 85 Prozent aller Brennstoffe, die in den Irak und nach Afghanistan transportiert wurden, für Klimaanlagen verwendet. Wer sich auf die Reise zu einer solchen Militärbasis macht, auf den kann sie wie eine Fata Morgana wirken, eine Luftspiegelung, die erschaffen wurde von den Dunkin Donuts und Burger Kings, Sportzentren, Kaufhäusern, Pizza Huts, Starbucks, Eisdielen und Minigolfanlagen, Fußballfeldern, Hertz-Autovermietungen, Internetcafés und Swimmingpools. Diese Stützpunkte sind kleine Städte mit Einrichtungen wie in jeder Kleinstadt in den USA – und auch mit der gleichen Luft.[7] Wie Cox noch detaillierter beschreibt, bringt die Luft in diesen Militärbasen Amerika in die Wüste und der Geruch von Pizza erinnert die Soldat:innen an daheim.[8]

Diese kleinen Inseln pseudoimperialer und atmosphärischer Hoheit sind im Nahen Osten nichts Neues. 2011 flogen US-Truppen im Hubschrauber von der afghanischen Grenze nach Abbottabad in Pakistan, um Osama bin Laden gefangen zu nehmen oder zu töten. Die Mission der extraterritorialen Ermordung der al-Qaeda-Galionsfigur lässt an eine seltsame Nachbildung einer anderen, viel

UNTEN Pizza-Hut-Lizenzbetrieb in Camp Bastion, Afghanistan, 2010

früheren kolonialen Insel denken. Die pakistanische Stadt Abbottabad verdankt seinen Namen Major James Abbott, der 1849 stellvertretender Polizeipräsident der Region wurde, und war eine beliebte Bergstation, in die sich die Briten aus den heißeren Ebenen flüchten konnten. Abbott ließ das Tiefland 1853 hinter sich.[9] Die Stadt wurde zu einem militärischen Ausbildungslager, in dem die britischen Gurkha-Truppen stationiert waren, und zur Inspiration für sein furchtbares Gedicht, das mit den Worten beginnt: „Ich erinnere mich noch an den Tag, als ich zum ersten Mal herkam. Und die milde Luft von Abbottabad roch."

„WAHNSINN"

Für Aravind Adigas Protagonisten Balram in *Der weiße Tiger* (2008) ist das hermetisch geschlossene, klimatisierte Auto, in dem Balram durch Delhi fährt, ein Sinnbild für die Flucht der Mittelschicht vor den Problemen des Landes und seiner Armen. Die Stadtluft wird routinemäßig gefiltert, viele Menschen tragen Atemmasken, um den Schadstoffen zu entgehen. Sie ist so schlecht, erklärt er, dass „sie einen zehn Lebensjahre kostet".[10] Das ist keine Luft für alle. Balrams Arbeitgeber meiden sie. Balram ebenso, „für uns gibt es bloß schön kühle, saubere Klimaanlagenluft". Die klimatisierte Wohnung, aber vor allem das Auto, stehen offenbar für das moderne Indien. Die vielen Autos erscheinen Balram wie dunkle Eier, angemalte Sphären mit getönten Fenstern, die in Delhis Straßen umherflitzen. Die geschlossenen und klimatisierten Kammern, die er beschreibt, könnten auch in São Paulo, Beijing, Lagos oder Mexiko-Stadt sein, wo der Individualverkehr explosionsartig angestiegen ist. Oder vielmehr ähneln sie Berichten über die unfassbar verstopften Straßen und die Luftverschmutzung vieler Megastädte im globalen Süden, die für die Menschen in den dicht bevölkerten, ausufernden Molochen erhebliche Atemprobleme und regelmäßige Evakuationen zur Folge haben, wenn laut der Luftqualitätsanzeiger die Sichtweite auf 100 Meter fällt. Selbst Beijing gab irgendwann das Zählen seiner „Blauer-Himmel-Tage" zugunsten umfassender Maßnahmen zur Verbesserung der Luftqualität auf, weil die Luftverschmutzung offenbar immer mehr zunimmt und sich „jenseits des Indexes" befindet. Dies war die Folge geopolitischer Auseinandersetzungen um die Luftverschmutzungswerte, die die US-Botschaft in Beijing gemessen hatte und die den offiziellen Daten der chinesischen Regierung widersprachen.

Im von Adigas beschriebenen Delhi ist das klimatisierte und bequeme Auto eine Bedingung für Unwissenheit, weil sie die Menschen im Inneren von der

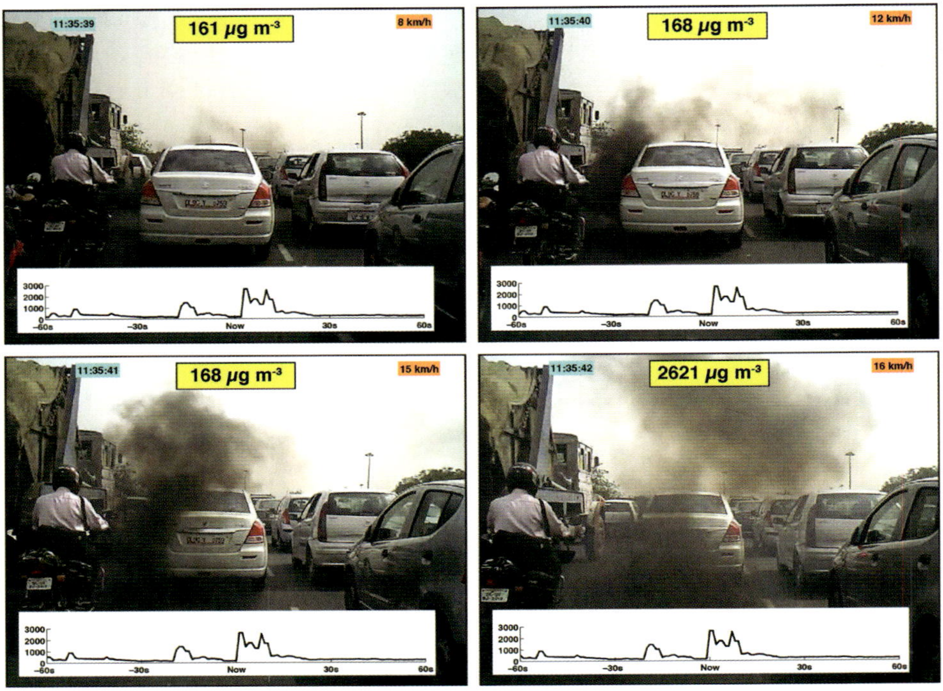

OBEN Feinstaubkonzentration auf Delhis Straßen

atmosphärischen Not abschirmt. Gelegentlich öffnen sich die Eier einen Spalt. Aus dem Ei streckt sich „eine Frauenhand mit glitzernden Armreifen [...] aus dem offenen Fenster". Doch nur für einen Moment, „[d]ann geht das Fenster hoch, das Ei ist wieder unversehrt".[11]

Vielleicht ist das Auto ein Ausdruck des fragmentierten Lebens in der Megastadt. Das kontrollierte Klima ist ein Schutz vor den Dämpfen und Abgasschwaden,[12] der Benzin- und Zigarettennebel verbirgt eine korrupte Bürokratie voller gekaufter Beamter, eine dunstige Welt im Halbdunkel, in der „Unmengen kleiner, dünner, schmutziger Gestalten" leben. „Wir waren im Grunde zwei verschiedene Städte", erklärt Balram, „im dunklen Ei und draußen." Der begehrenswerte Geländewagen Bolero der Mahindra & Mahindra Corporation treibt Balrams Kommentar vielleicht auf die Spitze. Dieses Fahrzeug ist die Verkörperung von Muskelkraft und Präsenz. Vielleicht ist auch der Tata Nano die passendere Wahl, ein kleines eiförmiges Auto. Beide illustrieren die Tendenz, sich die Straße und den öffentlichen Raum mithilfe personalisierter, gepanzerter Luft anzueignen. Getönte Scheiben und hermetisch geschlossene Räume zeigen sogar den gesellschaftlichen Status an. Aber der Grund, warum Balram seinen Arbeitgeber außerhalb des Autos ermordet, während er den Reifen überprüft, liegt vielleicht darin, dass der Innenraum des Eis, seine Plastikarmaturen, seine Nylonsitzkissen und seine Luft, so begehrenswert geworden sind, dass sie zu etwas Heiligem werden.

Krank machende heiße Luft wurde zwar als Unruhestifter betrachtet, der ein hitziges Temperament verursacht, doch der entscheidende Faktor für Balrams mörderischen Entschluss ist tatsächlich die soziale Ungerechtigkeit, die unter anderem durch die Luft symbolisiert wird. Vielleicht ist Balrams Stadt Indiens Antwort auf das Manhattan der 1980er-Jahre, das die besten Voraussetzungen für die aberwitzigen Höhenflüge der Finanzdienstleister, die Ultraexzesse des Konsumkapitalismus und das gleichgültige Leben der superreichen Yuppies bot, die die Welt klimatisierter Apartments und Bürogebäude bevölkern. Das sind die neuen „atmosphärischen Beschaffenheiten“ der fabrizierten Luft in der Stadt, wie David Gissen diese Welt taufte, die seit den 1960er-Jahren einen dramatischen Aufstieg erlebt.

Die gereinigte, trockene Luft der Klimaanlage verhöhnt Bret Easton Ellis' gestörten Psychopathen und New Yorker Banker Patrick Bateman in seinem Roman *American Psycho* (1991). Bateman ist eine böse, aber irgendwie auch sympathische Figur im Geschäftsbereich „Mord und Exekution“ (nicht Mergers & Acquisition). Aus Batemans seitenlangen Tiraden gegen Huey Lewis and the News, Genesis und andere Musikikonen der Achtziger spricht ein echtes Gefühl der Distanziertheit in einer Gesellschaft, in der es so gut wie keine Leichtigkeit und Verantwortung mehr gibt. Die vielleicht prägnanteste und ergreifendste Szene ist die, in der Bateman sich in die Herrentoilette im Yale Club schleicht, um Luis Carruthers zu erwürgen.

> „In Zeitlupe, jedes andere Geräusch gedämpft durch mein schweres Atmen, mein Blick an den Rändern leicht getrübt, gleiten meine Hände über den Kragen seines Kaschmirblazers und des Hemds aus Baumwollflanell und legen sich um seinen Hals, bis meine Daumen sich im Nacken treffen und meine Zeigefinger sich genau über Luis' Adamsapfel berühren.“[13]

Luis missversteht Patricks Mordversuch als Liebesakt. Patrick ist wie gelähmt. Er bekommt keine Luft mehr. Er versucht mit noch mehr Kraft, den Atem aus

Luis herauszudrücken, und stellt sich dabei vor, wie seine Luftröhre zerquetscht wird und in sich zusammenfällt, doch es ist seine eigene Luft, die stecken bleibt. Die „Seifenblasen"-Welt der Trennung von Oben und Unten, abschottender Apartments und Aufzüge – „temporärer Luftschlösser" – zerplatzt in diesem Moment der Berührung in einer Toilettenkabine. Als alle Barrieren fallen, kann Bateman weder morden noch atmen.

Vielleicht ist Bateman die Erweiterung von Figuren in anderen Werken wie Tom Wolfes *Fegefeuer der Eitelkeiten* (1988) und der Art von vertikaler, klimatisierter Gesellschaft, die Jonathan Raban in seinem Buch *Neue Welt: eine amerikanische Reise* (1991) als „Luftmenschen" bezeichnete. *Fegefeuer, Psycho* und *Neue Welt,* die mit wenigen Jahren Abstand voneinander geschrieben und veröffentlicht wurden, sind umwerfende Kritiken an einer bestimmten Art von Luft. Die „Luftmenschen" sind eine Gesellschaft austauschbarer Beschäftigter an der Wall Street, die in einer ätherischen, aber monotonen vertikalen Welt leben und damit E. B. Whites Vorstellung von isolierter und belüfteter Urbanität auf die Spitze treiben. Wolfes Sherman betrachtet die atmosphärische Isolation als ordnendes Prinzip.[14] „Das war die Devise", erfährt Sherman, „Isolation"; „du musst dich isolieren, isolieren, isolieren", sagt sein Vater zu ihm.[15] Es ist ein gut zu verteidigendes Leben in großer Höhe, wo das alte Manhattan aus Straßen und Plätzen von sezessionistischen Securityleuten und Überwachungssystemen verteidigt wird und wo jede:r Bewohner:in „wie in einem Ballon hoch über den gesetzlosen Trümmern der Stadt schwebt".[16]

Während Bateman von seinen Mordfantasien tagträumt, kann Raban keinen Sinn in den Apartments an der Park Avenue entdecken, die so vollständig vom Boden getrennt sind. Rabans innere Gedankenwelt kommt der Batemans gefährlich nahe, aber er denkt nicht an Mord. Stattdessen reagiert er auf die jüngsten Nachrichten, und wie bei Bateman scheint es niemand sonst zu bemerken. Die buchstäblich vertikale Existenz dieser neuen finanziellen und gesellschaftlichen Elite fördert ihre Isolation von den Angelegenheiten des wahren Lebens, die unerträglich auseinanderdriften und immer weniger von der „Nabelschnur der Aufzüge" zusammengehalten werden:

> „Hier oben segeln wir über den Himmel, wo die Luft klar ist und unser Blick über die makellose Weite leuchtenden Indigoblaus fällt. Du bist weit unter der Wolkendecke. Für uns bist du nicht mal ein Pünktchen, *Kumpel.*"[17]

Die scheinbare Atmosphäre des Schutzes oder vielleicht sogar der Zuflucht in diesen Romanen ahmt die Konditionierung des Stadtlebens in einer zunehmenden Zahl von Räumen in Manhattan nach, deren Klima gesteuert wird, um unbezahlbare Objekte und kulturelle Artefakte zu erhalten.

Gissen untersucht den Tempel von Dendur, der 1978 von den Ufern des Nils in das bemerkenswerte speziell errichtete, atmosphärisch kontrollierte Gebäude des Metropolitan Museum of Art versetzt wurde. Die Luft dieser Innenräume ist ein Schutz vor den Verwirbelungen und der Luftverschmutzung draußen. Auch der Protagonist in *American Psycho* nimmt das Außen als gesundheitsschädlich wahr, voller Verwesung, wo übelriechende Atmosphären aus den Körpern auf den Gehwegen sickern. Der Wind, der durch die Stadtschluchten aus Beton und Stein fegt, riecht nach einer Mischung aus verbrannten Maronen und Autoabgasen. Er erkennt, dass in ihm nichts ist. Es gibt nur Ordnung, eine Perfektion, die er in seinen zahlreichen Fitnessübungen, Gesundheitspraktiken und Gesichtsbehandlungen auch im Außen herstellen will, und den tadellosen Geschmack in der Uniform der Luftmenschen: Polohemden, Valentino-Anzüge und andere Designerlabel. Er ist ein Vakuum – ein Krater – die Wüste seine Landschaft der Reinheit und Abstraktion.

Shermans Geschichte in *Fegefeuer* folgt einem ikarischen Spannungsbogen. Durch seinen Absturz dringen andere in seine persönliche „Höhle" ein, als sein Fehlverhalten öffentlich bekannt wird. Er kann die neugierige Öffentlichkeit nicht länger draußen halten. Tod ist die einzige Option, die er in Betracht zieht, um sich von diesen Eindringlingen zu befreien: „er hätte sie nur auf die gleiche Weise draußen halten können, wie er seiner Lunge ein für allemal die Luft verweigern konnte."[18]

FOLTER ODER: DIE LUFT IM KRIEGSZUSTAND

Batemans unerträgliche Luft scheint nicht einzigartig zu sein, doch zum großen Teil betrifft das offenbar ein gewisses Teilen der Luft, eine Luft-Intimität, die sich ein wenig von den Miasma- und Körpersäfte-Assoziationen unterscheidet. In Nietzsches Eingeständnis verrät Luft etwas über den anderen, was er ertragen muss. Er kann nicht verhindern, „dass ich die Nähe oder – was sage ich? – das Innerlichste, die ‚Eingeweide' jeder Seele physiologisch wahrnehme – *rieche*".[19] Wie Bateman und Grenouille kann er daher nur in der Einsamkeit seinen Ekel loslassen, „Rückkehr zu mir, den Athem einer freien leichten spielenden Luft ... [zur] Einsamkeit ... [zur] *Reinheit*".[20]

Auf den vernarbten Schlachtfeldern der Westfront im Ersten Weltkrieg erzählt Erich Maria Remarques Klassiker *Im Westen nichts Neues* (1929) die Geschichte von Paul, einem deutschen Soldaten auf dem Weg nach Russland, der sich vor den Granaten und Maschinengewehrsalven in einen Bombentrichter rettet. Gerade will er ihn verlassen, als jemand, den er für einen feindlichen Soldaten hält, auf ihn fällt. In wildem Wahn zückt er sein Messer und sticht rasend auf den Körper ein, bis er „weich wird und zusammensackt". Pauls Hand ist klebrig von Blut und Schlamm.

Die Luft der Schützengräben in dieser Geschichte ist erstickend, aber nicht nur wegen des Gases, das Haldane untersuchte. Während er zusammen mit dem „anderen" wartet, treibt dessen Atem Paul in den Wahnsinn. Das Röcheln beginnt. Kommt es aus seiner mit Stichen übersäten Brust oder aus der Kehle? Für Paul klingt es, „als ob er brüllt, jeder Atemzug ist wie ein Schrei, ein Donnern".[21] Paul kriecht in eine entfernte Ecke des Trichters, wo er sich hinsetzt und ihn beobachtet, ohne die Augen von ihm abzuwenden. Das Röcheln setzt sich fort, die Luft ist alles, was noch von dem Soldaten übrig ist. „Er ist tot", sagt sich Paul, „er fühlt nichts mehr; was da röchelt, ist nur noch der Körper." Paul versucht, die Wunden des Mannes mit Kompressen zu versorgen und zu verbinden, und verspürt eine schreckliche Sympathie für den ersten Mann, den er im Nahkampf getötet hat. Das Röcheln setzt wieder ein und bald dämmert er „an der Grenze des Denkens dahin", „jeder Atemzug legt mein Herz bloß". Am Nachmittag ist er tot. Ruhepause. Paul kann „aufatmen", aber schon bald wünscht er sich das Röcheln zurück, „stoßweise, heiser, einmal pfeifend leise und dann wieder heiser und laut".[22]

Wenn Luft ein Folterinstrument sein kann, ist es dann überraschend, dass künstlich erzeugtes Wetter gegen Menschen eingesetzt wird? In der Geschichte des Krieges wurde die Klimaanlagenkälte routinemäßig als Foltertechnik eingesetzt, um Geständnisse und (vermutlich) wertvolle Informationen aus Kriegsgefangenen, Aufständischen und Häftlingen herauszubekommen. Die „Kalte Zelle" ist eine von mehreren solcher bekannten CIA-Techniken; der Häftling muss dabei in kalter Luft stehen, die normalerweise von Ventilatoren oder aus einer Klimaanlage stammt. Für einen Gefangenen, der im „Krieg gegen den Terror" im Zuge von Terrorbekämpfungsmaßnahmen festgehalten wurde, versetzte das „die Luft in einen Kriegszustand mit mir".[23] Diese Art von „Umweltmanipulation" durch Luft wird sogar in Folterhandbüchern aufgeführt und ist ein zentraler Bestandteil des SERE-Trainings (*Survival, Evasion, Resistance and Escape,* dt. „Überlebens-, Ausweich-, Widerstands- und Fluchttraining") der US-Armee.

Unterkühlung ist offenbar ein häufiges Ergebnis des missbräuchlichen Einsatzes der Klimaanlage und zeigt starke historische Parallelen zu den Hypothermie-Experimenten auf, die die Nazis in Konzentrationslagern wie Dachau durchführten. Wenn Gefangene in russische Gulags geschickt wurden, wurde das Klima zur Bestrafung eingesetzt.[24] Der Einsatz von Temperaturen zur Folter wird beispielsweise in Alexander Solschenizyns *Der Archipel Gulag* (1974) beschrieben. Nach der Invasion und Besetzung des Iraks wurden Angehörige eines streng geheimen US-Sonderprogramms (Special Access Program, SAP) beschuldigt, in Camp Nama in der Peripherie des Baghdad International Airport Gefangene wiederholt entkleidet, mit kaltem Wasser übergossen und dann neben eine Klimaanlage gesetzt zu haben. In E-Mails nach einem Besuch des FBI in Guantanamo Bay werden nicht nur Beispiele für den Einsatz von Kaltluft, sondern auch von übermäßig heißer Luft genannt. Bei einer Gelegenheit berichtet ein FBI-Beamter, dass die Klimaanlage abgeschaltet wurde, woraufhin die Raumtemperatur extrem anstieg. Ein Gefangener war so verzweifelt, dass er sich die Haare ausriss.[25] Erstickend heiße Luft taucht häufig in Beispielen von Folter und Misshandlung von Gefangenen auf. In den Kolonialkriegen in Südostasien wurden Gefangene in der sogenannten *sweat box* („Schwitzkiste“), die manchmal aus Metall bestand, in die Sonne gestellt, sodass im Inneren ein unerträglich heißes Mikroklima entstand.

Die Nutzung von Luft auf diese Weise reicht sogar bis zum Einsatz als Tötungswaffe. Heiße Luft und Luftmangel zur Misshandlung Gefangener treten die Menschenrechte, das Kriegsrecht und jede Spur von Menschenwürde mit Füßen. Das Projekt *CONTAINER* der Künstlerin Milica Tomić stellt auf der Grundlage eines afghanischen Massengrabs, das aus den ersten Phasen des Kriegs in Afghanistan stammt, den Tatort eines solchen Verbrechens nach.[26] Die US-Organisation Physicians for Human Rights („Ärzt:innen für Menschenrechte“) stand an der Spitze einer Kampagne, die Beweise dafür sammelte, dass rund 2000 Taliban- und al-Qaeda-Angehörige von einem afghanischen Warlord nahe Sherberghan gefangen gehalten wurden. Berichten zufolge wurden die Gefangenen in Containerfahrzeugen und Frachtcontainern erstickt, die in der Wüstenhitze stehen gelassen wurden. Das Belüften der Container war ein weiterer mörderischer Akt. Als die Gefangenen im Container um Luft zu betteln begannen, die Haut ihrer Nachbarn zerkratzten, Schweiß leckten und sogar Blut aus offenen Wunden tranken, schossen die Soldaten der Northern Alliance auf die Container, damit Luft eindringen konnte. Natürlich kamen einige der Gefangenen dabei ums Leben. Möglicherweise haben US- und UN-Truppen versucht, die grausame Tat zu vertuschen, und über Satellitenbilder wurden mehrere Massengräber entdeckt, in denen die Leichen anschließend vergraben wurden, doch es sind noch immer Fragen offen, was die Rolle der US- und alliierten Truppen bei der Unterstützung und Überwachung des afghanischen Warlords angeht.

MONOTONIE

Laut Huntington „betäubt" einen die „Monotonie" von Luft und Klima. Aus einem Zuviel derselben Luft können die Schwächen entstehen, die wir in den orientalistischen Beschreibungen von Luft und Klima gesehen haben, die diese Eigenschaften in den Tropen verorten. Man glaubte, dass beständig hohe Luftfeuchtigkeit und Temperaturen „Trunkenheit, Sittenlosigkeit, Wut und Faulheit" verursachen können. Die Tropen und sogar koloniale Außenposten in der Karibik – wie William Hillary etwa 1766 über Barbados schrieb – waren Orte der Krankheiten und Ausschweifungen, weil sie am Rand der Zivilisation und so weit weg von zu Hause lagen.[27] Aber auch der Einsatz von Klimaanlagen in heißen Gegenden blieb nicht ohne Kritik in Bezug auf die kulturellen Auswirkungen.

Robert Arsenault kritisiert an der Transformation der US-Südstaaten durch die Klimatisierung, dass sie letzten Endes verschiedene Arten von Luft auslöscht und damit auch die verschiedenen Kulturen, die daraus entstehen.[28] Die Klimaanlage beseitigte die Hitzerhythmen des Südens während der langen, heißen Sommer so weit, dass „der Süden nicht mehr der Süden ist", erklärt Arsenault. Es gibt keine Notwendigkeit mehr für die Veranda, auf der man Schatten sucht, keinen Grund mehr, nachmittags ein Nickerchen zu halten, die Temperatur ist durch eine Landschaft von Einkaufszentren und Innenräumen homogenisiert.

Die Klimatisierung übernimmt die Rolle unserer eigenen Körpersysteme, die unsere Temperatur durch Schwitzen reguliert, aber auch traditionellerer und weniger energiehungriger Techniken wie passive Kühlung und natürliche Belüftung, die über Jahrhunderte genutzt wurden und häufig in der persischen Architektur zu finden sind, etwa in Form des Bādgīr (Windturms) im Iran. Die Stadt Yazd, bekannt für ihren achteckigen Windturm im Dolat-Abad-Garten, wird *šahr-e bādgīrhā* genannt, die Stadt der Windtürme. Selbst in Dubai findet sich in wenigen Kilometern Entfernung von der Stadt ein Bādgīr.

Inwieweit also können wir uns an übermäßig kalte oder heiße Luft anpassen? Haben wir vielleicht unterschiedliche Wohlfühlbereiche und Erwartungen, was Luft angeht? Der Klassiker *Wetter ist auch innen* (1985) der Architektin Lisa Heschong war eine der ersten Abhandlungen, die solche Fragen aufwarf.[29] Zum

OBEN Milica Tomić, CONTAINER, 2010

Teil liegt das Problem wohl darin, das die Standards, die bei der Klimatisierung zum Einsatz kommen, diese Unterschiede und Fähigkeiten zur Anpassung an ein Klima nicht besonders gut berücksichtigt haben oder dass wir eigentlich etwas Abwechslung bei den Temperaturen ganz gerne mögen, zum Beispiel wenn wir in die Sauna gehen oder uns freuen, aus der Kälte hereinzukommen. Nichtsdestoweniger scheint die massive Zunahme der chinesischen und indischen Hochhäuser eine Wertschätzung der Homogenität westlicher Bauwerke zu zeigen, wie sie in den vorherrschenden internationalen Standards der 1894 gegründeten American Society of Heating, Refrigerating and Air-Conditioning Engineers („Amerikanische Gesellschaft der Ingenieure für Heizung, Kühlung und Klimatisierung“, ASHRAE) zum Ausdruck kommt.[30] Diese sogenannten Komfortstandards haben eine Geschichte, die auf die bereits erwähnten Untersuchungen

OBEN Ein Bādgīr in Yazd

zu Fabrikarbeiter:innen zurückgeht, und leisteten Pionierarbeit bei der Identifikation „thermaler Komfortzonen“ durch T. Bedford an der London School of Hygiene and Tropical Medicine („Londoner Institut für Hygiene und Tropenmedizin“) in den 1930er-Jahren und später mit Ole Fangers Modell des „Wärmegleichgewichts“. Thermale Komfortzonen legten die Standards fest, vor allem in der modernen Bürogestaltung, indem sie dabei halfen, die Produktivität anzuregen. Gut zu sehen ist das etwa im Seagram-Gebäude in New York, das 1958 von Mies van der Rohe im Internationalen Stil entworfen wurde; 1952 wurde mit dem Bau eines neuen klimatisierten Zeichnungssaals für Lloyd's of London begonnen, der fast 1250 Personen fassen sollte.

Für die Underwriter in dem Saal
Ist der Komfort ein wahrer Segen,
Ihre Stoffwechselrate wird erfasst
Auf eigne, ungewöhnliche Weise.[31]

In einer klimatisierten Welt wird der Vorgang der Kühlung des Körpers durch die Verdunstung von Schweiß auf der Haut (Umwandlung der latenten Wärme in verdunstenden Wasserdampf) durch die künstlichen Klimata zu Hause, am Arbeitsplatz und in öffentlichen Räumen ersetzt. Manche gewöhnen sich so sehr an diese Luft, dass sie es nicht mehr ertragen, woanders zu leben oder das Gefühl der eigenen natürlichen Körperkühlung auszuhalten. Das Ergebnis ist eine Form gesellschaftlicher Ordnung, die „uns menschliche Tiere von Geruch und Feuchtigkeit befreit".[32] Untersuchungen an jungen Menschen in Singapur zeigen, dass Schwitzen sogar als eine Form der Umweltverschmutzung gesehen werden kann.[33] In Anlehnung an die bereits erwähnte Verknüpfung von Luft mit Geruch ist Schweiß in der heutigen Kultur am Körper ganz einfach „fehl am Platz".

Laut der technischen Forschung spiegeln die vorherrschenden Komfortnormen an vielen Orten nicht ihren „klimatischen und kulturellen Kontext" wider. Studien zum thermalen Komfort haben gezeigt, dass die Komforterwartungen von Bevölkerungen in gemäßigten, kalten und heiß-tropischen Klimazonen recht unterschiedlich sind. Man kann sich die Frage stellen, inwieweit die Klimatisierung, das *air conditioning,* uns tatsächlich *konditioniert,* indem sie eigene monotone Umgebungen schafft. Wie wir in den Südstaaten gesehen haben, erzeugt die Klimatisierung überall ähnliche Muster bei Energieerzeugung, Gewohnheiten und Lebensweisen, mit potenziell schädlichen Auswirkungen auf lokale und indigene Kontexte. Mit anderen Worten, thermale Monotonie könnte dazu eingesetzt werden, indigene und kulturell eigenständige Lebensweisen zu verändern, mit klimatisch sowie kulturell schädlichen Folgen für die Orte selbst.

Wichtig für die Zukunft ist das Versprechen von Anpassung und vielleicht das Setzen der Hoffnung, wie Heschong es formulieren würde, nicht auf die Monotonie, sondern „auf die Dinge, die uns ein wenig Lebendigkeit geben".

Tatsächlich sorgte der niederländische Künstler Berndnaut Smilde in seiner *Nimbus*-Serie mit seinen Innenraum-Wolken als vorübergehende atmosphärische Ereignisse für ungläubiges Staunen und ungeheure Freude, wenn man die sorgfältig kontrollierte Umgebung (Feuchtigkeit, Luftgeschwindigkeit, Lufttemperatur und Hintergrundbeleuchtung) vergisst, die dafür nötig war. Seine Wolken

OBEN Berndnaut Smilde,
Nimbus, Cukurcuma Hamam II,
2012, C-Print auf Dibond

überleben nur in den Bildern, die sie festhielten, bevor sie für immer verschwanden, aber sie drücken die Veränderlichkeit und Lebendigkeit von Luft aus. Sie wecken in uns entweder das Gefühl einer glücklichen Fügung, die zarten, strahlenden Formen zu sehen, oder auch eines unglücklichem Zufalls, in einer Kunstgalerie einer Regenwolke zu begegnen.

6 STAUB ZU STAUB

Wenn der Tod einen Geruch hat, dann diesen.[1]

DER STAUB KAM ZUERST

Wegen Staub ist Donald Maitland, J. G. Ballards Hauptfigur in *The Wind From Nowhere* (dt. *Der Sturm aus dem Nichts*), gestrandet.[2] Nachdem er am Londoner Flughafen 48 Stunden auf seinen Pan-Am-Flug nach Montreal gewartet hatte, musste er unverrichteter Dinge wieder nach Hause fahren, weil drei lange Tage lang keine Flugzeuge die Startbahn verlassen konnten. Das Terminal war „verstopft“ mit Tausenden anderen Reisenden, die in langen Schlangen feststeckten. Im Gegensatz zu Ballards späterem Lobgesang auf den Flughafen sind seine Versprechen von Freiheit, Weltoffenheit und Möglichkeiten in seinem ersten Roman nur in ihrem Verlust präsent.[3] Das Leben bleibt durch einen tödlichen Wind am Boden, Möglichkeiten bleiben verschlossen, Reisende sind nur „potenziell“. Wie Maitland später herausfindet, wurden alle Abflüge „auf unbestimmte Zeit verschoben“.[4]

2010 verhinderte ein anderer Staub oder vielmehr Aschepartikel über eine Woche lang fast alle Transatlantikflüge nach Europa. Die Disruption wurde vom Ausbruch des isländischen Vulkans Eyjafjallajökull verursacht, dessen Tephra (feine Partikel vulkanischer Asche) den europäischen Luftraum verstopfte und so den größten Stillstand im weltweiten Flugverkehr seit den Anschlägen vom 11. September verursachte. Frühere Flugrichtlinien forderten das vollkommene Fehlen von Vulkanasche in der Luft, was später auf eine Konzentration von 4 Milligramm pro Kubikmeter Luftraum überarbeitet wurde. In Ballards London ist es nahezu unmöglich, das Wetterereignis nicht zu bemerken, da der Wirbel aus Wind und Materie alles mit einer Staubschicht überzieht. Luftstöße drücken Fenster ein und überfluten die geschütztesten Küstenstädte. Im Gegensatz dazu war das isländische Ereignis weitaus schlechter fassbar. Lily Ford verwies auf die Ironie in dem Umstand, dass einerseits der Name des Vulkans meist unausgesprochen blieb und andererseits seine Asche größtenteils nicht zu sehen war.[5]

OBEN Aschewolke des Eyjafjallajökull, 2010

Vielleicht boten die Ereignisse auch einen „Silberstreif“. Als der Himmel zum Schweigen gebracht, ja „gesäubert“ wurde, stellte das Umweltprogramm der Vereinten Nationen (UNEP) fest, dass das Ereignis die Vermeidung von etwa 344 × 106 kg CO_2-Emissionen pro Tag durch Flugzeugtreibstoff bedeutete, während der Vulkan etwa 150 × 106 kg CO_2 pro Tag ausstieß. Die schottische Lyrikerin und Dramatikerin Carol Ann Duffy fand einen vollkommenen Ausdruck für das Nebeneinander von geplatzten Plänen, Urlaub auf Standby, schwierigen Abwesenheiten und aufgeschobenen Verantwortlichkeiten, als sie fragte, ob wir uns vielleicht einen Augenblick Zeit nehmen könnten, unseren Ausschluss aus dem internationalen Luftverkehr zu genießen, um dem Gesang der Vögel zu lauschen, der so oft im Lärm des Flugverkehrs untergeht.[6]

LINKS Das BBC Broadcasting House, London

MEDIUM

In *Death at Broadcasting House* (1934), dem Roman von Val Gielgud und Holt Marvell, dem ehemaligen Leiter der Abteilung Produktion und Drama bei der BBC, wird einer der Schauspieler während der Liveübertragung eines Hörspiels erwürgt.[7] Wie der Titel verrät, findet der Mord im Hauptsitz des BBC, dem Broadcasting House am Portland Place in London, statt, das zufällig auch das erste klimatisierte Gebäude in London war, ausgestattet mit einem hochmodernen System der berühmten US-amerikanischen Carrier Corporation. Das Gebäude verkörpert die vermittelte Kommunikation von Stimme und Information über den Radioäther. Das Broadcasting House gilt als Herz des musikalischen Lebens Großbritanniens.

Im Buch von Gielgud und Marvell wird der Mord live über die Radiowellen transportiert und dringt auf gefährliche Weise in die Häuser der Menschen ein, indem das Innere des Broadcasting House an den Kamin der Zuhörenden gebracht wird. Ein Mord kann überall passieren, doch der Widerspruch, der in dem Roman so geschickt ausgelotet wird, besteht darin, dass das Gebäude vollkommen isoliert von Luft, Atmosphäre und Geräuschen war. Es hatte eine innere Umkleidung, es war ein Sarg aus Luft. Carrier würde sagen: „Eine perfekte Atmosphäre macht perfektes Radio möglich."[8] Carriers Broschüre über das Gebäude zeigt eine Aura, das Gebäude wie ein Lichtstrahl, der scharf aus der Dunkelheit hervortritt.

In *Death at Broadcasting House* wird das Gebäude zu etwas Unheimlichem. Die vielen Oberflächen, Räume und Kabinen haben nun ein Potenzial für mörderische Geheimnisse, die dem Ohr der Öffentlichkeit zugänglich gemacht werden. Die Technologien des Gebäudes erwecken den Anschein, als hätten sie eigene Motivation, den Geist in der Maschine. Und außerhalb der gleißenden Studiolichter sind die Schatten lang und Ecken bergen unsägliche Geheimnisse. In der Stille der schalldämpfenden Ausstattung fühlen sich die Dinge unheimlich an.

> „In der hinteren Ecke, fast unter dem Mikrofonständer, lag die unnatürlich verdrehte Gestalt eines Mannes ... Hinter den dreien schloss sich die automatische Tür. 7c war ein Studio mit spezieller akustischer Ausstattung, die jedes natürliche Echo eliminierte, und in diesem Moment spürte Rodney Fleming deutlich die beklemmende, fast unheimliche Atmosphäre des

Raums mit seiner einzelnen schummrigen Lampe, dem dicken Teppich und den eigenartig gepolsterten Wänden. Die Belüftung war einwandfrei, und doch hatte er den Drang, ungewöhnlich tief zu atmen."[9]

Das Broadcasting House polarisiert, was die Meinungen über seine Luft angeht. Die technologische Beherrschung der Atmosphäre wirkt im Roman von Gielgud und Holt fast beklemmend, während das Gebäude mit seiner Kontrolle über die Luft all jene in Erstaunen versetzt, die sich mit den technischen Errungenschaften auseinandersetzen.

Das ganze Gebäude wurde gebaut wie eine Burg. Der Bergfried war als einzelner, separater Betonschacht angelegt und bildete einen Turm mit getrennten, voneinander isolierten Räumen und Studios, damit es zwischen den Aufnahmen keine Interferenzen von Tönen oder Luft gab. Das von Lt. Col. G. Val Myer entworfene, 1932 fertiggestellte Gebäude hatte innen nicht einmal Lichtschächte; alle innen liegenden Räume mussten künstlich beleuchtet und belüftet werden. Herman Klein beschreibt in seinem Artikel in *The Gramophone and the Singer* die absolute Kontrolle über Töne und Luft als „erstaunlich; und auch wenn die Stille tatsächlich bedrückend sein kann, so ist es die Atmosphäre doch niemals", weil die Menschen in allen Stockwerken mit frischer Luft begrüßt werden.[10] Die Studios wurden als Einfriedungen betrachtet, mit der Luft als Gefangener. Die Isolierung der Studios tat dasselbe mit der von den Menschen darin abgestrahlten Wärme und den heißen Lampen, die sie beleuchteten. Daher musste Carrier durchgängig für frische Luft sorgen sowie Temperatur und Luftfeuchtigkeit auf optimalem Niveau halten und dabei gleichzeitig die Schallübertragung von einem Studio ins andere vermeiden. Die Anlagen mussten also geräuschlos funktionieren.[11]

Carrier installierte 32 Ventilatoren, die 614 Tonnen Luft pro Stunde umwälzten. Sechzehn Wasserpumpen plus 54 elektrische Motoren erzeugten eine Leistung von insgesamt 504 PS. 60 unabhängige automatische Steuerungen wurden vom Hauptkontrollraum aus in andere Teile des Gebäudes verteilt und durch über 120 Tonnen Stahlrohre miteinander verbunden. Mithilfe von Dämpfern, Ableitern, Filtern, schwingungsdämpfenden Materialien, Pumpen, Ventilatoren, Sprays, Kühlern und weiteren Einrichtungen wurde die automatisch kontrollierte klimatisierte Luft erzeugt.

In der Verfilmung seines Buches unter der Regie von Reginald Denham (Phoenix Film, 1934) spielt Gielgud selbst den Produzenten Julian Caird. Zu Beginn des Films sehen wir, wie Caird Sydney Parsons (dem späteren Opfer) sagt, dass er mehr „Atmosphäre hineinbringen" soll.[12] „Verstehen Sie nicht", erklärt Caird, „ich will, dass das Publikum glaubt, die Hände des Mörders zu sehen, die das Leben aus Ihnen herauspressen?" Die Kamera hält einige Sekunden auf Cairds zupackende Hände, dann kommt der Schnitt auf die nächste Szene.

Die „Verkapselung" des Broadcasting House führt dazu, dass der Mord mindestens zehn Minuten lang unbemerkt bleibt, wobei die Produktion sogar noch weitergeht, nachdem die Leiche entdeckt wurde. Wir hören und sehen die Strangulation. Das Publikum wird Zeuge, wie die Hände sich langsam um Parsons Hals legen, aber die Toningenieure glauben, dass seine erstickten Laute zum Hörspiel *Murder Immaculate* gehören. Ein Produzent oder Toningenieur lobt zu seinem Kollegen gewandt die realistische Leistung mit nach oben gerecktem Daumen. Wir sehen die Leiche zusammengesackt auf dem Boden liegen, der Schatten des Mörders gleitet darüber und das Orchester setzt ein.

Wir erleben hier, wie sich in der Eröffnungssequenz des Films die Orchestermusik mit dem Piepsen des BBC-Signals und Bildern der Sendeantenne mischt, ein Gefühl von Synästhesie – eine Mischung verschiedener Botschaften. Das Broadcasting House isoliert Luft auf meisterhafte Weise, aber es trennt und destilliert sie auch – es arbeitet Luft und Klang kunstvoll aus den Menschen und Maschinen heraus, die sie erzeugen, um ein verstörendes, unheimliches Gefühl zu erzeugen. Verschiedene Luftmedien, von den Radiowellen über die Klimaanlage bis zum Geräusch der Strangulation des Mannes, scheinen sich auf unnatürliche Weise zu vereinen.

Diese schauerromanartige Empfindsamkeit für Atem, Klang und Tod ist nicht ungewöhnlich. Tatsächlich ist der Spiritualismus, auf den *Death at Broadcasting House* anspielt, eng mit Elementen der unheimlichen Atmosphäre verknüpft, die der Film darzustellen versuchte. Der Film *The Others* (2001), der Henry James' 1898 veröffentlichte Novelle *The Turn of the Screw* (dt. *Bis zum Äußersten, Schraubendrehungen, Die Tortur* u. a.) aufgreift, setzt den Klang des Atems ein, um zwischen der Welt der Geister und der Welt der Lebenden zu wechseln. Zwei Kinder, ihre Mutter (gespielt von Nicole Kidman) und die Bediensteten des Hauses leiden gemeinsam im schummrigen Kerzenlicht (wegen der Hauterkrankung der Kinder), und die Geister des alten Hauses scheinen sie heimzusuchen. Eine andere Welt dringt durch den Kanal der Séance in ihre eigene ein, angezeigt durch die schwere Atmung eines blinden Mediums. Erst als wir das Medium sehen, begreifen wir, dass eigentlich die Mutter, die Kinder und die Bediensteten die Geister sind. Die Mutter war es, die ihre Kinder getötet hat. Der Nebel, der sich wie eine ungemütliche Decke aus verzerrten Formen und Ablenkungen um das Haus und über die Landschaft gelegt hat, zieht sich am Ende des Films zurück und enthüllt die wirkliche Lage in aller Klarheit. Die „anderen" sind tatsächlich die Mitglieder der quicklebendigen Familie, die das Haus inzwischen gekauft hat und die sich die sich von dem Spuk gestört fühlt.

Solche expressiven Qualitäten von Atem und Atmosphäre sind in der allgemeinen Ideenwelt nicht selten. Tatsächlich gab es im Spiritualismus des späten 19. Jahrhunderts einen deutlichen Hang zum Einsatz von Atem und Klang, die wie die merkwürdigen Effekte im Broadcasting House dazu dienten, die Luft zu verteilen und sie von Klang und Körper zu trennen. Bei der viktorianischen Séance „hüllt" das weibliche Medium das Publikum oder die Teilnehmenden in einen eindeutig gemeinsamen Raum. Während der Séance nimmt das Medium diesen Raum ein, Luft und Klänge dringen in den Körper ein und aus ihm hinaus, und der Raum ist „sozusagen *erfüllt*" von einem Medium wie der berühmten Mrs Guppy.[13] Das Stöhnen und schwere Atmen des Mediums mischt sich mit anderen seltsamen Effekten. Spätere Darstellungen von Besessenheit zeigten ebenfalls diese Faszination für die Atmosphäre. In *Der Exorzist* etwa ist Regan ein Mädchen, das vom Teufel besessen ist. Ihr tiefes, schneller werdendes, hyperventilierendes Keuchen vermengt sich mit dem zischenden Bügeleisen der Mutter. Der Atem des Priesters Karas wird am gekühlten Filmset sichtbar, und die Fenster des Hauses beschlagen und Wolken wie heißer Dampf oder der höllischen Besessenheit entspringender Rauch dringen hinaus.

Sichtbar gemachte Luft ist also ein beliebtes Werkzeug, mit dem in Geschichten eine Atmosphäre von Verwirrung und vor allem Furcht erzeugt wird. Im Gegensatz zur Besetzung des (meist) häuslichen Raums durch das Medium während einer Séance verschmelzen männliche Bösewichter meist mit der Luft draußen, werden zu etwas Elementarem und Furchterregendem, lauern, verschwinden, tauchen auf und bedrohen; sie dringen in innere Lufträume ein. Um einen der berühmtesten dieser Bösewichter aufzugreifen: Bram Stokers namengebende Hauptfigur in *Dracula* (1897) nimmt die Form von Luft oder Nebel an: „Er kann im Nebel kommen", den er selbst erzeugt. In Form von Nebel oder Staub kann er sich „klein machen". In dieser Form terrorisiert der Graf Lucy und später Mina, die hinter den Balkontüren im Halbschlaf allein in ihrem Zimmer liegt. Irgendwann dämmert es ihr, dass ihre Umgebung sich verändert hat. Die Luft ist „schwer, klamm und kalt". Gegenstände und das Licht scheinen durch den Nebel schwerer auszumachen zu sein, der eine fast materielle Präsenz erlangt, als er sich in den Raum ergießt. Aus dem Nebel wird eher ein Rauch, der sich mit der Energie kochenden Wassers bewegt und durch die Ritzen in der

Tür hereindringt. Der Rauch wird dicker und der Strom konzentriert sich in einer Ansammlung am Boden. Wie eine Wolkensäule türmt er sich nach oben auf. Zwei rote Augen erscheinen in der Säule, und dann kann sich Mina nur noch an ein bleiches weißes Gesicht erinnern, das sich aus der Dunkelheit über sie beugt.

Die Beschreibung von Luft in Stokers Roman erinnert an Detektivromane, wie sie von Wilkie Collins entwickelt wurden, der für seinen experimentellen Stil berühmt wurde, und natürlich an den Stil von Sir Arthur Conan Doyle. Doyle war selbst ein begeisterter Spiritualist: 6000 Menschen nahmen am 13. Juli 1930, sechs Tage nach seinem Tod, an seiner öffentlichen Séance in der Royal Albert Hall teil. Doyle hatte in *The Poison Belt* (dt. *Professor Challenger und das Ende der Welt, Im Giftstrom*) über Schwaden von giftigem Gas im Weltall geschrieben, durch die die Erde ziehen würde.[14] Und doch kämpft in Doyles Darstellung des nebelgetränkten „Grimpen-Sumpfs“ in Baskervilles Moor in Devon der kalkulatorische, rationale Geist des Detektivs gegen den Nebel, der das Jenseits verschleiert. Nebel steht für die Eventualitäten und Ungewissheiten selbst der ausgeklügeltsten Pläne, wobei Devon genauso auch im verwirrenden Nebel von Crythin Gifford in Büchern wie Susan Hills *Die Frau in Schwarz* liegen könnte, die immer wieder gestaltlose Präsenzen in der Atmosphäre als Schockelement einsetzen. Die Geräusche von Pferd und Wagen im Nebel; die Schreie des ertrinkenden Ponys. Die Detektivfigur bewegt sich oft in Atmosphären, die kriechen und sich winden, die verschleiern und verwirren, aus dem Nebel steigen, aus der Luft.[15]

WIEDERBELEBUNG

Es ist Oktober 1795 und Mary blickt von der Putney Bridge in London hinab. Sie war zuerst nach Battersea gegangen, aber dort waren zu viele Menschen gewesen. Mary geht stromaufwärts und trifft bei Anbruch der Nacht in Putney ein. Es regnet und sie ist so durchnässt, dass ihr die Kleider am Körper kleben. Allein wartet sie eine halbe Stunde, bevor sie sich von der Brücke stürzt.

Die Autorin Mary Wollstonecraft hinterließ eine Notiz, in der sie ihre Hoffnung zum Ausdruck bringt, dass man sie nicht „beleidigt, indem man sie dem ‚Tod entreißt'".[16] Nach dem Scheitern ihrer Beziehung mit Gilbert Imlay zieht die verzweifelte Mary in ihrem Kummer den Tod dem Leben vor. Doch Mary geht nicht sofort unter und ertrinkt. Sie muss erst ihr Abendkleid eng um sich ziehen, um den Auftrieb zu beseitigen und Erlösung zu finden. William Godwin, ihr späterer Ehemann und Autor ihrer Memoiren, erkennt in Mary das „außergewöhnliche Handeln eines verzweifelten Geistes".[17] Robert Southey, den Wollstonecraft sehr faszinierte, beschuldigte Godwin später, er habe in seinem Porträt, das uns so viel über Marys Suizidversuch verrät, „seine tote Frau vollkommen entblößt".[18] Denn ein Versuch bleibt es: Bald eilen Männer, die mit dem Boot unterwegs waren, zu ihr und ziehen ihren leblosen Körper an Bord. Sie wurde mithilfe von Techniken wiederbelebt, die die Royal Humane Society propagierte, weil sie im Tod nichts als eine schicksalshafte Unterbrechung des Lebens sah, das wiederhergestellt werden konnte, indem man die Luft wieder in den Körper leitete. In Marys eigenen Worten jedoch war dieser Akt alles andere als mildtätig, da er sie „auf unmenschliche Weise zurück ins Leben und ins Elend brachte".[19]

Die Royal Humane Society war eine Gesellschaft im 18. Jahrhundert, die ihre Aufgabe darin sah, Seelen zu retten, die ertrunken waren oder „mit ausgesetzten Vitalfunktionen" aufgefunden wurden. Sie beschäftigte sich mit der Frage, wie man sie zurückbringen konnte – warum nicht durch das Geschenk des Lebens, den Atem? Diese Überlegungen waren nicht neu. 1767 veröffentlichte eine niederländische Gesellschaft eine Denkschrift über die Praktiken der Wiederbelebung, ein Plädoyer für das Retten von Leben nach allen möglichen Unfällen, vor allem Ertrinken. Die Denkschrift stieß auch in anderen Ländern auf Interesse. Zu den vorgeschlagenen Maßnahmen gehörte, die Lunge mit Luft zu füllen, den Körper abzutrocknen und aufzuwärmen, die Haut kräftig abzureiben und Dämpfe und Düfte in die Nasenlöcher zu leiten. In Großbritannien wurden diese Ideen von der Gesellschaft erwogen und weiterentwickelt, die einige der ersten Ratschläge veröffentlicht hatte, die Mary das Leben retteten. Diese Gesellschaft war 1774 unter dem Namen „Society for Affording Immediate

Relief to Persons Apparently Dead from Drowning" („Gesellschaft zur Erbringung sofortiger Hilfe für Personen, die offenbar ertrunken sind") gegründet worden.[20] Luft als Lebensgeist schien das Problem und die Lösung zu sein, aber es war gar nicht so einfach, die düsteren Untertöne dieser Handlung abzuschütteln, dem Tod ein Leben zu entreißen.

Bislang hatten religiöse Geschichten und Mythen folkloristische Erzählungen wundersamer Wiederbelebungen dominiert; am bekanntesten war die biblische Geschichte von Elischas Tod und Wiedergeburt: „Dann trat er an das Bett und warf sich über das Kind; er legte seinen Mund auf dessen Mund ... da [...] öffnete [das Kind] die Augen."[21] In dieser Geschichte wird kein Pusten oder Atmen erwähnt, nur dass die Wärme seines Körpers bei der Berührung der Lippen auf das Kind übergeht. Es gab noch weitere Theorien zu diesem Thema, unter anderem Julius Sperbers *Mysterium Magnum,* das 1660 auf Deutsch veröffentlicht

UNTEN R. Pollard, *A Man Brought in by Boat Apparently Drowned* (Ein offenbar ertrunkener Mann wird mit dem Boot an Land gebracht), 1787, Kupferstich

OBEN R. Pollard, *A Man Recuperating in a Receiving House* (Ein Mann erholt sich in einer Rettungshütte), 1787, Kupferstich

wurde. Darin postuliert er, dass Ertrunkene oder Erstickte durch einen kräftigen Luftstrom in die Lunge wiederbelebt werden oder den „Funken des Lebens" erhalten können. Wieder andere Theorien bezogen sich auf die Behandlung von Neugeborenen, zu der künstliche Beatmung ebenso gehörte wie das Einreiben mit Schnaps, Knoblauch, Zwiebeln oder Senf an Kopf, Schläfen und Brust.[22]

In philosophischen und medizinischen Kreisen hatte man zuvor versucht, Tiere entweder während der Sektion oder mithilfe von Prozeduren wie Luftröhrenschnitt, Intubation und Beatmung wiederzubeleben. Der in Rom wirkende Galen hatte mit seiner Schrift „Über die Ursachen der Atmung" in vielerlei Hinsicht den Weg bereitet, obwohl er dachte, dass die Luft die lebensnotwendige Hitze im Herzen kühlte und es belüftete. Es war der flämische Anatom Andreas Vesalius, der 1543 erstmals dokumentierte, wie er ein Röhrchen in die Kehle eines Säugetiers einführte und vorsichtig Luft hineinblies. 1783 riet ein gewisser M. de Poiteau zum Luftröhrenschnitt für die künstliche Beatmung, bei der die Lunge durch ein Röhrchen wieder mit Luft gefüllt wird. Es hatte Debatten darüber gegeben, ob die Mund-zu-Mund-Beatmung, die „Atemspende", Vorteile gegenüber dem Einsatz von Blasebälgen habe. Abweichenden Sichtweisen zufolge konnte die Mund-zu-Mund-Beatmung den Körper verschmutzen – und auch die Royal Humane Society setzte die Anwendung dieser Maßnahme 1812 vorübergehend aus, vielleicht weil sie den Atem mit den Abgasen eines Feuers oder aus einem Kamin gleichsetzte. Und doch war die Mund-zu-Mund-Beatmung sicherlich anderen Methoden der Lufteinleitung vorzuziehen. Trotz dieser Debatten verbreiteten sich die Ratschläge der Society und sie verlieh Medaillen an besonders bemerkenswerte Wiederbeleber. Alexander I., der Zar von Russland, bekam 1806 eine Medaille für seinen Einsatz bei der Rettung eines jungen Mannes, der leblos aus dem Fluss Neris gezogen worden war, und Bram Stoker wurde 1882 die Bronzemedaille verliehen, nachdem er versucht hatte, einen Mann zu retten, der sich in die Themse gestürzt hatte.

Theorien zur Wiederbelebung gab es viele, doch alle führten schließlich auf die Rolle der Luft für die Lebensfunktion des Körpers zurück. Der Arzt John Fothergill in Yorkshire verglich die Lunge mit dem Pendel einer Standuhr: Durch menschliche Aktion konnte sie wieder mit Luft gefüllt und „angestoßen" werden, damit „dieses *Etwas* die Steuerung des Gewebes wieder aufnehmen und seine Organe wieder in Gang setzen kann".[23] In diesem Gedankengang wird der Elan des Körpers mit der Antriebskraft einer Maschine gleichgesetzt, wie es Andreas Vesalius im 16. Jahrhundert in seiner siebenbändigen Anatomie des menschlichen Körpers tat. Die eher mechanistischen und pragmatischen Maßnahmen, die die Society propagierte, waren als Gegenkraft zu den düsteren Assoziationen der Praktik gedacht. Wie Benjamin Hawes in seiner Rede zum 47. Jahrestag der Gründung der Society 1821 erklärte, sollten ihre Aktivitäten als wissenschaftliches Experiment verstanden werden. Ihr Ziel war es nicht, „die Toten zum Leben zu erwecken, sondern die Leblosen dem zu frühen Grab zu entreißen".[24] Indem sie betonte, das Leben sei nur angehalten, versuchte die Society, Assoziationen zur unnatürlichen Wiedererweckung vom Tod zu eliminieren.

Die Society errichtete allein in London 400 Rettungshütten, die nach den Prinzipien der Wiederbelebung gebaut und mit einem „Apparat" von Geräten und Methoden der Wiederbelebung sowie mit Eisbooten und Leitern ausgestattet waren. Künstliche Beatmung konnte von jedem durchgeführt werden. Sein Wiederbelebungspotenzial wurde zu einer Eigenschaft des Atems der Gemeinschaft, Institutionen wie der Humane Society und derjenigen, die willens waren, ihn zu spenden, und die damit die fachkundige Aufsicht über Luft und Leben aus

OBEN W. I. Bicknell, *The Receiving Station on the Serpentine, Hyde Park* (Die Rettungshütte am Serpentine im Hyde Park), 1850, Kupferstich

den Händen der Wissenschaft und Medizin und sogar des Göttlichen nahmen. Die Mund-zu-Mund-Beatmung, argumentierte die Society, „kann viel Gutes erreichen, aber keinen Schaden anrichten".

Die richtigen Wetterbedingungen konnten die Wiederbelebung unterstützen, und einige von ihnen wurden künstlich geschaffen. Frische Luft galt als die beste Behandlung. Die Rettungshütten waren so gestaltet, dass in ihnen für die Wiederbelebung zuträgliche thermale Bedingungen hergestellt werden konnten, dazu waren sie mit verschiedenen Geräten ausgestattet. Die beiden Hauptbehandlungsräume in der Hütte am Serpentine, einem rund 11 Hektar grossen See im Hyde Park in London, hatten eine Zentralheizung mit Heißwasserrohren, die rauchfrei für eine konstante Temperatur sorgten. Im Ertrinkungsfall wurde die betroffene Person in die Badewanne gelegt und falls sie wieder zu sich kam, in eins der Betten umgelagert, deren unterer Teil aus Kupfer bestand und mit heißem Wasser gefüllt war, um den Körper aufzuwärmen. Eine galvanische Batterie und ein künstliches Beatmungsgerät standen bei Bedarf zum Einsatz bereit.

Trotz der Bemühungen der Society galt die künstliche Wiederbelebung noch in der Mitte des 19. Jahrhunderts als seltsam und schaurig. Praktiken zur Wiederbelebung Neugeborener wurden als merkwürdig und makaber angesehen: die sogenannten „Schultze'schen Schwingungen“, bei denen das Baby kopfüber hin- und hergeschwungen wurde; Drücken auf die Brust; Heben und Senken der Arme, rhythmisches Ziehen an der Zunge, Kitzeln von Brust, Mund oder Hals, „Schreien; Schütteln“ und sogar das „Dehnen des Rektums mit einem Rabenschnabel“.[25]

In Thomas Hoods Gedicht *The Bridge of Sighs* (1844) kommt ein verbreiteter Trend im viktorianischen London zum Ausdruck und er wurde in bekannteren Darstellungen aufgegriffen, um die Suizide von Frauen zu beschreiben – genauer gesagt, von „gefallenen Mädchen“. Hoods Gedicht beschreibt eine „verzweifelte, einsame“ Gestalt, die an die gramgebeugte Mary Wollstonecraft erinnert. In diesem Framing ist Marys Sprung in die Themse nicht unbedingt eine Tra-

UNTEN Savigny, *Instruments for the Recovery of the Apparently Dead* (Instrumente zur Wiederbelebung der Scheintoten), 1788, Kupferstich

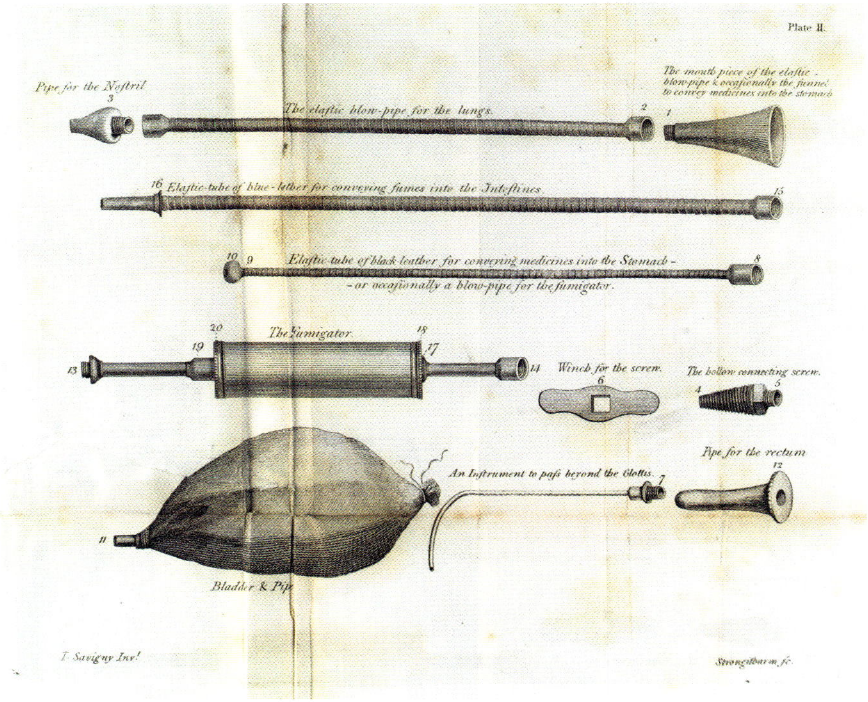

gödie, weil das Eintauchen ins Wasser sie von „ihren sündigen Gewohnheiten" befreit. In diesen Darstellungen reinigt das Wasser. Es wurde als Wiedergeburt gedeutet und daher wurde eine Behandlung durch Luft als unnötig angesehen, weil sie die Erlösung vereiteln würde.

Während die Techniken und Konzepte der Society im Grunde aus dem Leichnam etwas halb Lebendiges mit der Aussicht auf Gesundung machen, finden sich in den vielen Bildern und Geschichten über die „Bridge of Sighs" (Seufzerbrücke), etwa in Watts' berühmtem Gemälde *Found Drowned* (Ertrunken aufgefunden, um 1848–50), keine Wiederbelebungsversuche. Angesichts der Beliebtheit der Broschüren und Ratschläge der Humane Society ist das überraschend. Doch wenn der Tod als Erlösung gilt, darf der Leichnam in glückseliger Gelassenheit nicht gestört werden, nicht einmal durch wiederbelebende Luft. Auf dem lieblichen Gesicht liegt ein mildes Lächeln. Die Haut ist prall und von melancholischer Blässe.

Mary Wollstonecraft unternahm noch zwei weitere Suizidversuche, allerdings nie mehr durch Ertränken. Sie starb schließlich 1797 an den Folgen der schwierigen Geburt ihrer Tochter Mary Shelley. Wiederbelebung und der Prometheus-Mythos sind zentrale Themen in Mary Shelleys berühmtestem Werk *Frankenstein* (1818) über einen Wissenschaftler, der eine Kreatur zum Leben erweckt.

UNTEN George Frederic Watts, *Found Drowned* (Ertrunken aufgefunden), 1848–50, Öl auf Leinwand

Auch Frankenstein selbst wird durch Erwärmen ins Leben zurückgeholt. Parallel dazu wurde Marys Leben offenbar immer wieder durch Suizide und Wiederbelebung erschüttert. Ihr Ehemann war Percy Bysshe Shelley, dessen erste Frau Harriet sich 1816 im Serpentine ertränkt hatte. Harriet, die sich mit ihrem Ehemann auseinandergelebt hatte und von einem anderen Mann hochschwanger war, erreichte den See wahrscheinlich über das *Fox and Bull Inn.* Dessen hintere Holzpforte ging auf den Hyde Park und einen Pfad hinaus, der zum See führte. Ironischerweise wurden durch dieselbe Pforte die leblosen Körper derer in die Schenke gebracht, die ertrunken im Serpentine gefunden wurden; das *Fox and Bull Inn* fungierte nämlich als zweite Rettungshütte auf der Südseite des Hyde Parks, wohin Harriets Leiche dann auch sofort gebracht wurde.[26]

Es ging einige Zeit ins Land, bis über die Mund-zu-Mund-Beatmung schließlich Konsens herrschte. Der österreichische Arzt Peter Safar und der Atemforscher James Elam beschäftigten sich wissenschaftlich mit Wiederbelebungstechniken. 1958 griff die National Academy of Scientists ihre Methoden auf, und durch die Veröffentlichung mehrerer Broschüren über die Technik fand sie weite Verbreitung. Später entwickelten Safar und Elam in Zusammenarbeit mit dem norwegischen Spielzeughersteller Asmund Laerdal die Rettungspuppe Resusci Anne, auch CPR Annie genannt, um das menschliche Atmungssystem zu simulieren. CPR ist die Abkürzung für Cardiopulmonary Resuscitation, dem englischen Begriff für Herz-Lungen-Wiederbelebung. Ähnliche Puppen werden heute noch in Erste-Hilfe-Kursen und -Ausbildungen verwendet.

LUFT UND KRIEG

Krieg wird, wie wir gesehen haben, nicht nur aus der Luft geführt, aber er ist auch immer in der Luft präsent. Nach Großbritanniens Erfahrungen im zweiten Weltkrieg versuchten verschiedene Autorinnen und Autoren, den Verfall des Lebens an der Heimatfront zu begreifen. Ihre Prämisse war, dass das Leben sich zurückentwickelt hatte, in Zersetzung dahinsiechte. In Max Nordaus *Entartung* ist die Atmosphäre aufgeladen mit Fäulnis, die eingeatmet wird.[27] Der Krieg brachte in Großbritannien eine Literatur hervor, die das Fieber verdorbener Dinge beschreibt, von Orten, die schlecht geworden sind. Die Munitionsfabriken triefen vor schauerromanartigen Beschreibungen der seltsamen Beleuchtung und der Arbeitsbedingungen ohne Fenster oder gar hermetisch abgeschlossen ohne Belüftung. Diese Industrie-„Hölle" ist auf verschiedene Arten konfiguriert. Der Künstler Graham Sutherland stellt das höhlenartige Milieu der Gießerei in seinem Bild *Tapping a Blast Furnace* („Abstich eines Hochofens", 1941–42) dar, das mehr wie die Höhle eines Feuer und Rauch speienden Drachen erscheint. Das ist die Hölle, erschaffen durch heiße Luft und Feuer, Hitze und grelles Leuchten. Unter diesen Bedingungen wurde die Gesellschaft auf etwas Primitives, Seltsames, ja Dämonisches zurückgeworfen. Abseits des Prasselns von Sutherlands Gießereien und Minen liegt Düsternis. Das Licht wird neblig, grün, fast weiß. Im Vergleich mit einem Grab scheint die Luft der Kriegsräume die Beschäftigten sogar in eine noch engere Beziehung zu den Toten zu bringen.

30 Jahre später verstand Ninhs vietnamesischer Soldat Kien im Roman *The Sorrow of War* (1994) unter dem Tod in Südvietnam, dass der Körper sich verflüssigte und verdampfte. Alle Seelen der Toten dringen in Kien ein, seine Kameraden, Fremde, alle leben in und um ihn und seinen Gedanken: „Mit ihrem letzten Atemzug waren ihre Seelen frei ... wurden zu einem dunklen Schatten, der über seiner eigenen Seele hing".[28] Wie die Dioxine im „Agent Orange" als feiner, pulvriger Nebel auf den Dschungel fielen, um ihn zu entlauben, so scheint die Luft des Krieges in den überdauernden Geistern von Konflikten weiterzubestehen.

Für Kien lebten die Gestorbenen in ihm weiter wie Sauerstoff, der in sein Blut übergegangen war. Kien versuchte, die Erinnerungen über die Bilder und Empfindungen zu erhaschen, die ihn heimsuchten. Das Ventil, um diese Gedanken und Erfahrungen herauszulassen, war das Schreiben. Kien erinnert sich an die Hubschrauber, die sie aus der Luft angriffen, das „gefürchtete wump-wump-wump-wump ihrer Rotorblätter". Doch das „wump-wump-wump-wump" setzt sich fort, losgelöst vom Angriff, die Bilder lösen sich bald auf und an ihre Stelle tritt der Deckenventilator seines Apartments, der ebenfalls „wump-wump-wump-wump" macht. In diesen Momenten scheinen seine Erinnerungen und Projektionen eine eigene Luft zu erzeugen, sich der Luft des Raums zu bemächtigen, die sich nun irgendwie „seltsam" anfühlt, „vibrierend mit Bildern der Vergangenheit". Seine Wände wackeln geräuschvoll, als Jets ihre Bombenangriffe fliegen.[29]

Die glänzenden Kanister mit Napalm, die aus den amerikanischen Flugzeugen fallen, verwandeln alles in eine Suppe aus Wirbel und Chaos, als Kien und seine Freundin Phuong in einen Angriff geraten. Selbst eine Campingszene am See wird weggewischt, als der Wind vom Wasser her Gischt heranpeitscht; Decken, Handtücher, Pflöcke, alles wird im Angriff fortgerissen. Die Luft scheint zu splittern wie zerbrechendes Glas, die Erde „hebt sich unter ihnen und sinkt wieder zurück". Bei einem anderen Angriff trifft sie die Druckwelle wie ein Schlag ins Gesicht. Die surreale Landschaft des Kriegsendes beschreibt Kien als Leere, die

OBEN Asmund Laerdal demonstriert Resusci Anne.

Gewalt, die alles aufrecht hält, geht verloren, aber die Geister bleiben bei Kien. Die Leiche eines Mädchens vom Flughafen in Saigon wird mit eindrücklichen Worten beschrieben: „ihre Haare sind zerzaust, in ihren dunklen Augen krabbeln Ameisen und auf ihren Lippen liegt ein schreckliches verzerrtes Lächeln“.[30] Phuong singt einer Gruppe Soldaten ein Lied vor. Die Szene lässt an Bob Dylan denken, könnte aber auch aus Francis Ford Coppolas *Apocalypse Now* (1979) stammen. Die Luft wird mit einer melancholischen Sicherheit besungen, das sich etwas ändern wird: „The winds, they are a changin“.

In Ballards *Empire of the Sun* (dt. *Das Reich der Sonne,* 1984) wandert Jim auf dem fremdartigen verlassenen Flugplatz umher, den die Chinesen beim Einmarsch der japanischen Armee aufgegeben haben. Das war ein Ort der Magie und der Erholung und ruft nostalgische Erinnerungen an die Flugfantasien wach, mit denen wir begonnen haben, „wo die Luft voller Träume und Aufregung war“. Die Düsternis und der Ernst des Blitzkriegs und der Wahnsinn in Vietnam sind in diesem Augenblick verschwunden. Jim watet ins hüfthohe Gras um den Flugplatz. Es ist wie Wasser mit einer „warmen Oberfläche und einer kühleren

OBEN Die Atmosphäre des Vietnamkriegs, nahe Cần Thơ, 1967

Schicht darunter mit ihren geheimnisvollen Strömungen".[31] Das Gras wogt im Wind wie das Segelflugzeug, das er bald starten wird, „wie der Nachstrom eines unsichtbaren Flugzeugs". Jim findet ein verrottendes japanisches Kampfflugzeug. Er legt sein Modellflugzeug aus Balsaholz auf den Flieger, kriecht auf den Sitz und setzt sich zum toten Piloten, der auf dem Boden des Cockpits liegt. In dieser Luft summt die Vergangenheit, in der Atmosphäre hängt eine Nostalgie, die „über dem Cockpit schwebte". Jim klettert auf die Motorhaube. Er nimmt sein Segelflugzeug und schickt es in die Luft, und als es den Wind erwischt, „stieg das Modell steil nach oben und segelte durch die Luft".

MENSCHLICHER RAUCH

Frédéric Beigbeders Roman *Windows on the World* (2003) beschreibt das Restaurant im World Trade Center in den letzten Augenblicken seiner Existenz. Eine Figur erzählt, wie sich der Rauch fortbewegt und aus dem Boden sickert. Er kommt von überall, „das Belüftungssystem wird zur Räucheranlage".[32]

Der britische Schriftsteller Martin Amis merkt an, dass die beiden technologischen Formen, die das Leben in die Luft brachten – das Flugzeug und der Wolkenkratzer – es in diesem Moment töten.[33] Am 11. September 2001 krachten sie so gewaltvoll ineinander, dass sie nicht nur das Nichts am Himmel hinterließen – eine Abwesenheit –, sondern wenigstens zeitweise eine gewaltige Säule aus Rauch und Staub. Türme, Flugzeug, die Menschen darin und Tausende Helfende wurden gewaltsam in einen enormen Schuttberg verwandelt, der im Auf- und Abströmen riesige Säulen aus Rauch, Asche, Staub und einstürzenden Strukturen bildete, die noch vom All aus zu sehen waren. Viele der Opfer wurden nie gefunden, weil ihre Körper nicht mehr an einem Stück waren. Von Kopf bis Fuß wurden sie pulverisiert oder, wie Amis es nennt, „gemörsert". Individuen waren nicht mehr voneinander zu unterscheiden.[34] Das Ergebnis wurde in Rachel Whitereads Bilderserie *Demolished* (Abgerissen, 1996) vorweggenommen, der Staub erinnerte an einen Arm, der sich aus der Erde streckt und nach dem Himmel greift – ein unheimlicher Vorgeschmack auf die späteren atmosphärischen Bedrohungen des 20. und 21. Jahrhunderts.

Wenigstens vorübergehend wurden Menschen und Gebäude zu Luft. Der 11. September brachte die gewaltigen Konstruktionen und die Menschen darin in einem physikalischen Phasenübergang vom festen in den gasförmigen Zustand und als winzig kleine Staubpartikel in die Luft.

Don DeLillo, der Autor von *Weißes Rauschen,* sah überall Asche und Papier, Papier peitschte durch die Luft, keine Spur von Licht oder Himmel. Diese Art von Minimalismus klingt auch in Hartmut Bitomskys seltsamem Film über Staub an, der sich mit der grausigen Zusammensetzung der Luft nach dem Einsturz des World Trade Centers beschäftigt. Aus „Mineralwolle ... Zellulose ... Polyaromaten ... Metallpartikel wie Kupfer ... Quecksilber, Chrom, Aluminium ... Zement, Kalk ... Arsen, Kadmium ... Paraffin, Flugzeugtreibstoff“.[35] Der Staub wurde aufgewühlt, Menschen atmeten ihn ein, sie schluckten ihn, versuchten ihn aus ihrer Kleidung zu entfernen, aus ihren Haaren, Teppichen, Sofas und Teddys. Über 18 000 Menschen litten nach dem 11. September unter Atemproblemen. 2010 wurde der Zadroga Act verabschiedet, der 4,3 Milliarden Dollar zur medizinischen Unterstützung der Opfer der Terroranschläge vom 11. September bereitstellte.

Fast unmittelbar nachdem der Staub sich in den Tagen nach den Ereignissen jenes Septembers allmählich legte, begann man in zahlreichen Studien, die Zusammensetzung der Luft zu untersuchen, die die Öffentlichkeit und die Hilfskräfte eingeatmet hatten. Mehrere dieser Projekte verzögerten sich wegen des Problems des Menschlichen in der Luft. Als die Presse fragte, woraus genau die Staubwolke des World Trade Centers bestünde, musste Paul J. Lioy – einer der leitenden Forscher der Studie – sich mit der Frage auseinandersetzen, ob sich aus ihren Proben DNA bestimmen ließ.[36] Worauf die Frage hinauslief und was auch die Sensibilität des Themas Luft begründete, war eine weitere Frage: Brauchten die Forschenden eine Genehmigung für die Verwendung menschlicher Proben in ihren Tests? Wie sich herausstellte, brauchten sie keine. Obwohl die Wahrscheinlichkeit, in den Staubproben identifizierbare DNA irgendwo in der Nähe des Billardstel-Perzentils liegt, schreibt das Gesetz vor, dass die medizinische Forschung nur dann eine Genehmigung braucht, wenn es sich bei der Probe um lebendes menschliches Gewebe handelt. Das mag emotionslos wirken. Aber vielleicht ist das nur eine andere Art, mit einer Luft umzugehen, deren Gewalt unerträglich wird, weil die Ungeheuerlichkeit der emporquellenden Materie an die Grenzen des Sagbaren stößt. Das ist nicht ungewöhnlich, wenn die Luft zu etwas wird, was an anderer Stelle einmal als „menschlicher Rauch“ bezeichnet wurde.

Viele Jahre zuvor, am 14. Mai 1944, war Paul Goyard, ein gefeierter französischer Bühnenbildner, ins Konzentrationslager Buchenwald deportiert worden. Goyard beschreibt ein Erlebnis, das er eines Morgens hatte. Er sieht eine automatisierte Todesmaschinerie, in der Menschen und Leichen, die er nicht kennt,

OBEN Staub nach den Terroranschlägen vom 11. September 2001

im Rahmen der „Endlösung" der Nazis in industriellem Maßstab zu „menschlichem Rauch" werden.[37] Godyards Gedicht *Naissance d'un jour* bewegt sich auf merkwürdige Weise aus der sinnlichen Begegnung mit Landschaft, Wind, Kälte und Himmel hin zu der spektakulären, zeremoniellen Bühne eines blendenden Sonnenaufgangs. Als Goyard den menschlichen Rauch aus den Schornsteinen des Todeslagers steigen sieht, erklärt er: „So steigen in dieser Höllenstadt Menschen auf in den Himmel" – eine Empfindung, die auch bei anderen anklingt, etwa in Paul Celans *Todesfuge* (1948).[38]

Kurz nach dem Krieg fand es der Schriftsteller Edward Abbey schwierig, an Europa nicht in diesen Begriffen zu denken, es nicht als gigantisches Krematorium zu sehen, viel größer als die Konzentrationslager, das die Tötungsmaschinerie der Nazis in Ofenstädte verwandelte, die durch die alliierten Brandbomben angeheizt wurden.[39] Es liegt eine gewisse Ironie darin, dass der menschliche Rauch des Holocausts an die ältere antisemitische Figur des „Luftmenschen" denken lässt – eine abfällige Anspielung auf die Wurzellosigkeit und angebliche Überflüssigkeit der jüdischen Diaspora.[40]

Dieses Leid weckt den Zorn von Edward Abbey. Er kann nicht anders, als seiner Abscheu angesichts der Menschen Ausdruck zu verleihen, die „ohne Raum zum Atmen" zusammengepfercht gefangen sind. Wir könnten sogar den Vergleich ziehen, dass sich Deutschlands Straßen „in Düsen verwandelten", dass die „Luft brannte", die Stadt und ihre Atmosphäre durch einen Feuersturm aus Brandbomben und Wetterbedingungen in Brand gesteckt wurden, der in der Nacht des 28. Juli 1943 Hamburg in einen Orkan aus Gas, Funken und bestialisch heißer Luft verwandelte.[41] Das war der falsche Augenblick, Schutz zu suchen. Fast wie im Gegenentwurf zum explosiven Einsturz der Twin Towers, der Gebäude und Leichen knirschend einäscherte, verwandelten die ungewöhnlichen Wetterbedingungen in Hamburg das Feuer in einen Orkan. Als die Luft über der Stadt überhitzte, kam es zu einer Kettenreaktion, bei der aller Sauerstoff und die kühlere Luft aus der Stadt und ihrer Umgebung nach oben gesaugt wurde. So erhitzt schoss die angesaugte Luft rund 6095 Meter in die Höhe und erreichte in der Stadt Geschwindigkeiten von über 193 km/h. Das Feuer fegte mit bis zu 1400 °C durch die Straßen, schmolz Gebäude und Menschen ein und erstickte andere, die in Kellern und Schutzräumen gefangen saßen. Abbeys Reaktion ist verständlich. Er sieht eine Atmosphäre von so viel „Hässlichkeit und Hass", aber auch so „alles durchdringend", dass es auch in sein Schreiben einsickerte: „Es ist in meine Tinte gelangt ... Mein Gott!"[42]

HIMMELSBESTATTUNG

Vielleicht ist Luft ja auch ein Sinnbild für das Ende. In Philip Pullmans Trilogie *His Dark Materials,* einer Romanreihe mit Unmengen viktorianischer Pneumatik und Luftschiffen, werden die Menschen irgendwann zu Staub und Luft. Die Figur Lyra erklärt: „Ihr werdet verströmen, doch zugleich seid ihr dann zurück in der Welt und werdet wieder Teil alles Lebendigen."[43] Vielleicht passt das zur tibetischen Praxis der Himmelsbestattung *jhator,* bei dem ein Leichnam unter freiem Himmel zerteilt wird, um ihn schließlich dem Himmel und den Vögeln und der Luft zurückzugeben.

Diese Enden erinnern uns an Luce Irigarays Grundbehauptung, die Luft sei etwas Gemeinschaftliches; wir werden in die Luft hineingeboren und zu Luft werden wir letzten Endes wieder.[44] Wie DeLillo schreibt, sind selbst die Toten ganz einfach überall, „in der sanften Brise vom Fluss, auf Dächern und in Fenstern, in unserem Haar und auf unseren Kleidern".[45]

Um uns und dem Wesen nach aus uns und in uns.

UNTEN Himmelsbestattungsplatz in Tibet

Balloon Centenary at the H

ROBIN
tillery Compys Grounds Sep 15th 1884.

VORDERE SEITEN Eine Menschenmenge hat sich auf dem Paradeplatz der Honourable Artillery Company in London versammelt, um zwei Heißluftballons zu beobachten. 1884, Gouache.

ZEITTAFEL

vor 3,5 Mrd. Jahren	Sauerstoffanteil in der Atmosphäre der Erde stieg, da organische Lebensformen Kohlendioxid in Sauerstoff umwandelten.
vor 300 Mio. Jahren	Im Karbon kam es zu einer Sauerstoffspitze. Gewaltige Kohlenstoffmengen lagerten sich in Sümpfen ab, Insekten entwickelten Riesenwuchs.
6. Jahrhundert v. Chr.	In Ionien im antiken Griechenland debattieren Philosophen über die Existenz von Luft als Element.
1347	Gentile da Foligno legt sein *Consilium contra pestilentiam* oder kurz *Consilium* vor, eine Abhandlung über die Pest, ihre Ursachen – meist schlechte Lüfte und Miasmen – und Heilmittel.
1643	Evangelista Torricelli erfindet das Barometer und baut 1644 das erste seiner Art.
1652	Robert Burtons außergewöhnliches Werk *The Anatomy of Melancholy* (dt. *Anatomie der Melancholie*) wird posthum veröffentlicht. Es umreißt eine Untersuchung des Temperaments mithilfe der Körpersäftelehre.
1654	Otto von Guericke führt in Regensburg sein Experiment mit den „Magdeburger Halbkugeln“ durch und beweist die Existenz des Luftdrucks bzw. des Gewichts von Luft.
1661	John Evelyn warnt die Menschen in Whitehall (London) vor der Unzuträglichkeit der durch die Themse verschmutzten Luft.
1774	Joseph Priestleys Experimente mit brennendem Quecksilberoxid führen ihn zur Entdeckung „dephlogistierter Luft“ – Sauerstoff.
1775	Marsilio Landriani veröffentlicht *Ricerche fisiche intorno alla salubrità dell' aria* (dt. *Physikalische Untersuchungen über die Gesundheit der Luft*), ein bahnbrechendes Werk zur Eudiometrie, in dem er seinen Entwurf für das Eudiometer vorlegt.
1784	Vincenco Lunardi unternimmt vom Honourable Artillery Company Ground in London aus seine erste Ballonfahrt.
1788	Jacques Tenon veröffentlicht seine Denkschrift über Luft, Miasmen und das Behandlungsmanagement im Krankenhaus.
1789	Der französische Adlige und Wissenschaftler Antoine Laurent de Lavoisier veröffentlicht *Traité élémentaire de chimie* (dt. *System der antiphlogistischen Chemie*), in dem er die Luft in verschiedene Gase trennt, und transformiert damit die moderne Chemie.
1792	Priestleys Haus in Fairhill wird nach den Birmingham Riots gestürmt. Das Gebäude wird dem Erdboden gleichgemacht, die Labore zerstört.
1794	Georgiana Cavendish, die Duchess of Devonshire, finanziert Blanchards Ballonfahrt ab dem Grosvenor Square in London. Ein militärischer Aufklärungsballon wird in Fleurus erfolgreich von der französischen Revolutionsarmee eingesetzt.

1832 Europäische Zeitungen berichten über Madras Brahmin, der angeblich die Kunst der Levitation beherrscht.

1844 J. M. W. Turner beendet sein Gemälde *Rain, Steam and Speed* (Regen, Dampf und Geschwindigkeit), in dem auf bemerkenswerte Weise Luft, Farbe und Industrie zusammenfließen, während die Eisenbahn den Raum mithilfe der Zeit auslöscht. Engels veröffentlicht seine Abhandlung über die Arbeitsbedingungen der englischen arbeitenden Klasse und legt den Schwerpunkt darin auf die ungesunde Luft.

1852 Henry Mayhew unternimmt seinen berühmten Aufstieg im Heißluftballon über London.

1855 Der Schweizer Naturarzt Arnold Rikli prägt den Begriff „Lichtluftbad", um seine Behandlung von Tuberkulosekranken zu beschreiben. Elizabeth Gaskell veröffentlicht *North and South* (dt. *Margarethe*), die Geschichte der gesellschaftlichen und geografischen Reise einer Frau in eine verschmutzte Stadt im Norden.

1871 Étienne-Jules Marey, berühmt für seine Bewegungs-Chronofotografie, veröffentlicht nach früheren Arbeiten über Rauch seine ersten experimentellen Studien an Vögeln. Frank H. Wenham entwirft den ersten Windkanal.

1881 Birdsill Holley lässt die erste Dampfheizung der Welt patentieren und löst damit ein „Heizfieber" aus: Mehrere amerikanische Städte werden mit einem weitläufigen unterirdischen Dampfrohrnetz errichtet.

1889 Für die Weltausstellung in Paris wird der Eiffelturm gebaut. Sein Architekt und Erfinder Gustave Eiffel installiert verschiedene meteorologische Geräte im Turm, um Luft- und Windwiderstand zu messen.

1904 Die Louisiana Purchase Exposition zeigt auf ihrer Hauptausstellungsfläche – der *Pike* – John Zahorskys Ausstellung von Brutkästen für Babys.

1907 Im schweizerischen Davos wird das Queen Alexandra Sanatorium fertiggestellt. Eine moderne Version der terrassierten Sanatoriumshütte fördert das Baden in Luft und Sonnenlicht.

1911 John Scott Haldane führt auf dem Pikes Peak in Colorado seine bahnbrechenden Höhenexperimente durch.

1915 In Ypres setzt die deutsche Armee erstmals eine giftige Chlorgaswolke gegen französische Truppen ein. Haldane fährt umgehend hin, um die Auswirkungen auf die französischen Truppen zu untersuchen. Der Geografieprofessor Ellsworth Huntington aus Yale veröffentlicht *Civilization and Climate* (Zivilisation und Klima). Die Carrier Engineering Corporation wird gegründet, einer der weltweit ersten Hersteller von Klimaanlagen.

1920 Das National Advisory Committee for Aeronautics (NACA) baut auf dem Langley Field in Virginia den atmosphärischen Windkanal, den damals größten Windkanal der Welt.

1927 Charles Lindbergh überquert den Atlantik und landet in Le Bourget nahe Paris, bevor er triumphierend nach Amerika zurückkehrt und in New York mit einer Konfettiparade empfangen wird.

1929 Das erste Mädchen kommt im Luftraum über Miami in Florida zur Welt. Sie bekommt den Namen Airlene.

1936 Salvador Dalí erstickt während einer Surrealismusausstellung beinahe im luftdichten Helm eines Taucheranzugs. Er hatte versucht, ins Unbewusste abzutauchen.

1938 Amerika beginnt mit seinem zivilen Pilotenausbildungsprogramm. Tullio Crali malt sein berühmtes futuristisches Bild *Aerocaggia I*.

1950 Ein Jahrzehnt später wird das Jahr 1950 zum Ankerpunkt für die Bezeichnung BP (Before Present). Wegen der Atomwaffentests im Pazifik liefert die Radiokarbondatierung nach 1950 keine zuverlässigen Ergebnisse mehr.

1960 Willard F. Libby bekommt den Nobelpreis in Chemie für die Erfindung der Radiokarbondatierung. In Dubai wird Öl entdeckt, das aus dem Wüstenstaat später einmal eine der klimatisiertesten Gegenden der Welt machen würde.

1961 Yves Klein stellt seine *Architecture de l'air* (Luftarchitektur) vor.

1970 Die Volkzählung in den USA wird von der *New York Times* wegen der drastischen Auswirkungen der Klimaanlage auf Migrationsmuster in die US-Südstaaten als „Klimaanlagen-Erhebung" betitelt.

1984 Bei der Bhopal-Katastrophe entweicht durch ein Leck in einer Chemiefabrik der Union Carbide India giftiges Methylisocyanatgas, das Schätzungen zufolge zwischen 3000 und 10 000 der Ortsansässigen tötet. Es ist einer der schlimmsten Industrieunfälle der Geschichte.

1988 Mehrere Flügel des New York Metropolitan Museum of Art werden fertiggestellt, darunter auch der Flügel mit dem Tempel von Dendur. Ein ausgeklügeltes Klimatisierungssystem macht aus den Gebäuden die klimatisch am anspruchsvollsten kontrollierten Räume der Welt.

1991 Bret Easton Ellis' *American Psycho* wird veröffentlicht. Es gehört zu einer Reihe von Romanen, in denen eine Unzufriedenheit mit der Atmosphäre von Manhattans Eliten zum Ausdruck kommt, die von den Exzessen des Finanzkapitals angeheizt wird. In Arizona nimmt Biosphere 2 mit acht Freiwilligen seine erste wissenschaftliche Mission auf.

2001 In Cornwall eröffnet das Eden-Projekt. Die Angriffe auf das World Trade Center erzeugen eine gewaltige Säule aus Asche und Staub, die USA schließen ihren Luftraum.

2002 Elizabeth Diller und Roberto Scofido eröffnen auf dem Neuenburgersee in der Schweiz ihr Blur Building.

2010 Der Vulkan Eyjafjallajökull in Island stößt bei seinem Ausbruch eine Aschewolke aus, die den transatlantischen und europäischen Luftraum größtenteils lahmlegt.

ENDNOTEN

Hinweis: Wenn keine deutsche Quelle angegeben ist, handelt es sich bei Zitaten um von der Übersetzerin dieses Buches angefertigte Übersetzungen des englischen Texts.

Einführung

1 Vladimir Jankovic, *Reading the Skies: A Cultural History of English Weather, 1650–1820* (Chicago, 2001), S. 33–49.
2 James Lovelock und Lynn Margulis, 'Atmospheric Homeostasis By and For the Biosphere: The Gaia Hypothesis', *Tellus,* xxvi/1-2 (1974), S. 2-10 (S. 2). Siehe auch Lovelock, *Gaia: A New Look at Life* (Oxford, 1979).
3 Dian R.Hitchcock und James Lovelock, 'Life Detection by Atmospheric Analysis', *Icarus,* vii/1–3 (1967), S. 149–59.
4 J. B. S. Haldane, 'On Being the Right Size' (1928), http://irl.cs.ucla.edu.
5 O. von Guericke, in T. Conlon, *Thinking about Nothing: Otto von Guericke and the Magdeburg Experiments on a Vacuum* (London, 2011), S. 227.
6 Robert E. Schofield, *A Scientific Autobiography of Joseph Priestley* (Cambridge, MA, 1966), S. 194.
7 Ebenda, S. 184.
8 Steven Johnson, *The Invention of Air: An Experiment, a Journey, a New Country, and the Amazing Force of Scientific Discovery* (London, 2009).
9 Jenny Uglow, *The Lunar Men: The Friends Who Made the Future, 1730–1810* (New York, 2002).
10 Das Kaffeehaus wurde zum Musterbeispiel für die Entstehung öffentlichen Lebens und die Verbreitung wissenschaftlicher Ideen, von Wissen und Begeisterung. Für den renommierten Soziologen Jürgen Habermas waren diese Räume neue Orte der Höflichkeit. Die Kaffeehausatmosphäre hob Rang, Status und Klasse und die „Aura der Außergewöhnlichkeit" des Gerichts oder der Kirche auf, sodass Priestley seine revolutionären wissenschaftlichen Konzepte mit Gleichgesinnten teilen und weiterentwickeln konnte.
11 Zitiert in Richard R. Chase, 'Jules Michelet and the Nineteenth-century Concept of Insanity: A Romantic's Reinterpretation', *French Historical Studies,* xvii/3 (1992), S. 743.
12 Jules Michelet, *Historical View of the French Revolution: from its Earliest Indications to the Flight of the King in 1791* (London, 1860), S. 53.
13 Charles Dickens, *Eine Geschichte aus zwei Städten* (Leipzig, 1910).
14 Ebenda, S. 156.
15 Zitiert in F. W. Gibbs, *Joseph Priestley: Adventurer in Science and Champion of Truth* (London, 1965), S. 195.
16 Joseph Priestley, *Letters to the Right Honourable Edmund Burke, occasioned by his Reflections on the Revolution in France* (London, 1791); Maurice Crosland, 'The Image

of Science as a Threat: Burke versus Priestley and the 'Philosophic Revolution', *British Journal for the History of Science,* xx/3 (1987), S. 277–307.
17 Henry Mayhew und John Binney, 'Extract from *The Criminal Prisons of London*' (1862) (ursprünglich abgedruckt in *Illustrated London News,* 18 September 1852).
18 Karl Marx, 'Speech at the Anniversary of the People's Paper', *The People's Paper* (1856), S. 500. Den Hinweis auf dieses Zitat verdanke ich Ben Andersons Aufsatz „Affective Atmospheres", *Emotion, Space and Society,* ii/2 (2009), S. 77–81.
19 Karl Marx, *Misère de la philosophie* (Paris, 1847).
20 Walter Benjamin: Gesammelte Schriften. Herausgegeben von Rolf Tiedemann, Suhrkamp 1991, S. 185.
21 Michael Adas, *Machines as the Measure of Men* (Ithaca, NY, 1990), S. 223.
22 Enda Duffy, *The Speed Handbook: Velocity, Pleasure, Modernism* (Raleigh and Durham, NC, 2009), S. 11.
23 Marshall Berman, *All that is Solid Melts into Air: The Experience of Modernity* (New York, 1983), S. 237.
24 William Howard Russell, *The Indian Mutiny: My Diary in India* (London, 1858), S. 73.
25 Elizabeth DeLoughrey, 'Radiation Ecologies and the Wars of Light', *Modern Fiction Studies,* lv/3 (Fall 2009), S. 468–98 (S. 475).
26 Willard F. Libby, 'Radiocarbon Dating', www.nobelprize.org.
27 Ebenda
28 Steven Connor, 'Exhaust' (2006), www.stevenconnor.com.

1 Auf dem Luftweg

1 Steven Connor, *The Matter of Air: Science and the Art of the Ethereal* (London, 2010), S. 9.
2 In verschiedenen Verweisen auf diese Geburt findet sich der Name „Aerogene".
3 Luce Irigaray, *The Forgetting of Air in Martin Heidegger* (Austin, TX, 1999).
4 Scott Palmer, *Dictatorship of the Air* (Cambridge, 2006).
5 Ebenda, S. 243.
6 Ebenda, S. 154.
7 Joseph Corn, *The Winged Gospel* (Washington, DC,1993).
8 Ann Douglas, *Terrible Honesty: Mongrel Manhattan in the 1920s* (New York, 1996), S. 434.
9 Ebenda
10 N. L. Engelhardt, 'Air-conditioning Education', *American Association of School Administrators* (Washington, DC, 1944), S. 43.
11 Étienne-Jules Marey, 'Lectures on the Phenomena of Flight in the Animal Kingdom', *Annual Report of the Smithsonian* (1871).
12 Étienne-Jules Marey, 'The Movements of the Wing of Insects', *Annual Reports of the Aeronautical Society* (1872), S. 25–74.
13 Étienne-Jules Marey, 'The Experimental Study on the Motion of Fluids', *Scientific American* (1902), S. 75.
14 Liz Millward, *Women in British Imperial Airspace, 1922–1937* (Montreal and London, 2007).

15 Siehe den Dokumentarfilm *The Legend of Pancho Barnes and the Happy Bottom Riding Club* (2009) unter der Regie von Amanda Pope. Produzent und Autor ist Nick T. Spark, die Produktionsleitung übernahm die Geografin und Pilotin Dydia DeLyser.
16 Peter Fritzsche, *A Nation of Flyers* (NewYork, 1991), S. 122.
17 Antoine de Saint-Exupéry, *Southern Mail; Night Flight* (dt. Südkurier), Übs. Curtis Cate (London, 1971), S. 8.
18 Jeffrey T. Schnapp, 'Propeller Talk', *Modernism/Modernity,* i/3 (1994), S. 153–78 (S. 154).
19 Siehe David Matless, *Landscape and Englishness* (London, 1999).
20 Sefton Brancker, 'Untitled', *RAF Cadet College Gazette* (1920), S. 48.
21 T. E. Lawrence, *The Mint* (London, 1955), S. 200.
22 Ebenda, S. 178.
23 Ebenda, S. 177.
24 Filippo Tommaso Marinetti, 'The Futurist Manifesto', *Le Figaro* (20. Februar 1909).
25 Thomas Pynchon, *Against the Day* (New York, 2006), S. 203.
26 Derek S. McCormack, 'Aerostatic Spacing: On Things Becoming Lighter than Air', *Transactions of the Institute of British Geographers,* xxxiv/1 (2009), S. 25–41, (S. 28).
27 Dorthe Simonsen, 'The Aviation Neck: Techno-choreographies of Early Flight', *Up in the Air* (2011).
28 Caren Kaplan, 'The Balloon Prospect', in Peter Adey, Alison Williams und Mark Whitehead, *From Above* (London, 2013).
29 Adnan Morshed, 'The Aesthetics of Ascension in Norman Bel Geddes's Futurama', *Journal of the Society of Architectural Historians,* lxiii/1 (März 2004), S. 74–99 (S. 93).
30 Jill Jones, *Eiffel's Tower* (New York, 2009).
31 Ebenda, S. 153.
32 Georges Eiffel, 'The Eiffel Tower', *Annual Report of the Board of Regents of the Smithsonian Institution* (1889), S. 733; siehe auch William A. Eddy, 'The Eiffel Tower', *Annual Report of the Board of Regents of the Smithsonian Institution* (1889), Nachdruck aus dem *Atlantic Monthly,* Nr. 224, Pt 1, S. 736.
33 'A Long-enduring Nuisance', *New York Times* (22. Juni 1888), S. 9.
34 William James, 'On a Certain Blindness in Human Beings', in *Talks to Teachers on Psychology* (Rockville, MD, 2008), S. 126.
35 'Skyscrapers', in Ann Douglas, *Terrible Honesty: Mongrel Manhattan in the 1920s* (New York, 1995), S. 203–4.

2 Ein Überschuss an Luft

1 Robert Burton, *The Anatomy of Melancholy* (New York, 1870, Neuausgabe).
2 Marco Beretta, 'Pneumatics vs. "Aerial Medicine": Salubrity and Respirability of Air at the End of the Eighteenth Century', *Nuova Voltiana: Studies on Volta and His Times,* Hrsg. Fabio Bevilacqua und Lucio Fregonese (Pavia und Mailand, 2000), S. 49–71 (S. 59).
3 Simon Schaffer, 'Measuring Virtue: Eudiometry, Enlightenment, and Pneumatic Medicine', in *The Medical Enlightenment of the Eighteenth Century,* Hrsg. Andrew Cunningham und Roger French (Cambridge, 1990), S. 287.

4 Emily Cockayne, *Hubbub: Filth, Noise and Stench in England* (Ann Arbor, MI, 2007).
5 David S. Barnes, *The Great Stink of Paris and the Nineteenth-century Struggle against Filth and Germs* (Baltimore, MD, 2006), S. 12.
6 Ebenda, S. 3.
7 Metropolitan Sewage Committee Proceedings. Parliamentary Papers, 1846. S. 10: 651, www.parlipapaers.chadwyck.co.uk.
8 Barnes, *The Great Stink,* S. 97.
9 Patrick Süskind, *Das Parfum* (Zürich, 1985).
10 Ebenda
11 Michel Foucault, *History of Madness,* Übs. Jean Khalfa und Jonathan Murphy (New York, 1972), S. 356.
12 Süskind, *Parfum.*
13 Elizabeth Cleghorn Gaskell, *Margarethe: eine Novelle* (Leipzig, 1865)
14 Friedrich Engels, *Die Lage der arbeitenden Klasse in England: nach eigner Anschauung und authentischen Quellen* (Leipzig 1845).
15 S. Gaskell, *The Manufacturing Population of England: Its Moral, Social, And Physical Conditions, and the Changes which have Arisen from the Use of Steam Machinery* (London, 1833).
16 Luke Howard, *The Climate of London* (London, 1833).
17 Timothy Choy, 'Air's Substantiations', Berkeley Environmental Politics Colloquium, 2011, S. 30; siehe http://globetrotter.berkeley.
18 Naipaul zitiert in Mary Douglas, *Purity and Danger: An Analysis of the Concepts Pollution and Taboo* (London, 1966), S. 149.
19 A. B. de Guerville, *New Egypt* (Berlin, 1905); den Hinweis auf diese Quelle habe ich Derek Gregorys Beiträgen zu de Guerville und diesem Thema zu verdanken. Siehe Derek Gregory, 'Scripting Egypt', in *Writes of Passage: Reading Travel Writing,* Hrsg. Derek Gregory und James Duncan (New York, 1999).
20 De Guerville, *New Egypt,* S. 79; Gregory, 'Scripting', S. 143.
21 Charles Baudelaire, *Die Blumen des Bösen,* umgedichtet von Stefan George (Berlin, 1914).
22 Charles Baudelaire, *Gedichte in Prosa,* Übs. Camill Hoffmann (Leipzig, 1914).
23 Constance Classen, *The Colour of Angels: Cosmology, Gender and the Aesthetic Imagination* (New York, 1998), S. 80.
24 Eustace Reynolds-Ball, *The City of the Caliphs: A Popular Study of Cairo and its Environs and the Nile and its Antiquities* (London und Paris, 1897), S. 192.
25 Ebenda, S. 90.
26 Constance Gordon-Cumming, *Via Cornwall to Egypt* (London, 1885), S. 293.
27 Reynolds-Ball, *The City,* S. 196.
28 Ebenda, S. i.
29 Rafatul Hussaini zitiert in Kim Fortun, *Advocacy After Bhopal* (Chicago, 2001), S. 166.
30 Don DeLillo, *Weißes Rauschen,* Übs. Helga Pfetsch (Köln ,1987).
31 Ebenda, S. 119.
32 Carl von Clausewitz, *Vom Kriege* (Berlin,1834).
33 DeLillo, *Weißes Rauschen.*
34 Ebenda.

35 Fortun, *Advocacy,* S. 1.
36 Ebenda, S. 102.
37 David Gissen, 'The Architectural Production of Nature, Dendur/New York', *Grey Room,* xxxiv (Winter 2009), S. 58–79.

3 Wiederherstellung

1 Gaston Bachelard, *Air and Dreams; An Essay on the Imagination of Movement* (Dallas, TX, 1988).
2 Johanna Spyri, *Heidis Lehr- und Wanderjahre* (Gotha, 1880).
3 Friedrich Nietzsche, *Ecce Homo* (Leipzig, 1908).
4 Ebenda, S. 21.
5 Charles Baudelaire, *Die Blumen des Bösen,* umgedichtet von Stefan George (Berlin, 1914).
6 Ebenda.
7 Edward Frankland, 'A Great Winter Sanitarium for the American Continent', *Popular Science Monthly* (1885).
8 Paul Overy, *Light, Air and Openness: Modern Architecture Between the Wars* (London, 2008).
9 Adrien Guignard, 'A "Sanatorial Method" for the Good Alpine and Desert Air', *Revue de Géographie Alpine,* xciii/1 (2005), S. 70–79 (S. 71).
10 Rousseau, zitiert ebenda, S. 72.
11 Norbert Wolf, *Kirchner* (Köln, 2003) S. 9.
12 Emily Abel, *Tuberculosis and the Politics of Exclusion: A History of Public Health and Migration to Los Angeles* (New Brunswick, NJ, 2007), S. 6–7.
13 Jane Austen, *Anne Elliot oder die Kraft der Überredung,* Übs. Sabine Roth (München, 2010).
14 Wendy Parkins, *Mobility and Modernity in Women's Novels, 1850s–1930s: Women Moving Dangerously* (Basingstoke, 2009).
15 Alain Corbin, *The Lure of the Sea* (Los Angeles, 1994), S. 268.
16 Ebenda, S. 267.
17 Elizabeth Gaskell, *Margarethe.*
18 Classen, *The Color of Angels: Cosmology, Gender and the Aesthetic Imagination* (New York, 1998), S. 66.
19 Gaskell, *Margarethe.*
20 Ebenda.
21 Michel Foucault, *Die Geburt der Klinik,* Übs. Walter Seitter (München, 1973).
22 Michel Foucault, 'The Incorporation of the Hospital into Modern Technology', in *Space, Knowledge and Power: Foucault and Geography,* Hrsg. Stuart Elden und Jeremy Crampton (Aldershot, 2007).
23 Guignard, 'A Sanatorial Method'.
24 Tenon in Foucault, 'Incorporation', S. 149.
25 John Burton-Fanning, 'Open-air Treatment of Phthisis in England', *The Lancet* (1898), S. 855.

26 Ebenda, S. 854.
27 Ebenda, S. 631.
28 Zitiert in Margaret Campbell, 'What Tuberculosis Did for Modernism: The Influence of a Curative Environment on Modernist Design and Architecture', *Medical History,* xlix/4 (1 Oktober 2005), S. 463–88.
29 Ebenda, S. 633.
30 Jeffrey Baker, *The Machine in the Nursery: Incubator Technology and the Origins of Newborn Intensive Care* (Baltimore, MD, 1996), S. 144.
31 'Sanitary Wire Cradles for Babies' Sanitarium' ,*Popular Mechanics* (1917), S. 365.
32 Theodore B. Sachs, *The Municipal Control of Tuberculosis in Chicago: Its History and Provisions* (Chicago, 1915), S. 32.
33 Campbell, 'What Tuberculosis Did for Medicine', S. 483.
34 Susan Sontag, *Krankheit als Metapher,* Übs. Karin Kersten und Caroline Neubaur (München, 1978), S. 16.
35 David Boyd Haycock, *A Crisis of Brilliance: Five Young Artists and the Great War* (London, 2009).
36 Ebenda, S. 288. Wie Kirchner tat auch Gertler, was er konnte, um der Einberufung zu entgehen.
37 Ebenda, S. 169.
38 Brief und Umschslag von D. H. Lawrence, Ad Astra, Vence, [Alpes-Maritimes, Frankreich] an Mrs Dorothy Morland, Hôtel du Louvre, Menton, [Frankreich] DD/791/3a-b, 1930.
39 Brief von D. H. Lawrence, Ad Astra, Vence (Alpes-Maritimes, Frankreich) an Dr Andrew Morland (England) DD/791/2, 9. Februar 1930.
40 Andrew Morland, 'The Mind in Turbercle', *The Lancet* (1932), S. 178.

4 Isolierung

1 Tom Wolfe, *Fegefeuer der Eitelkeiten,* Übs. Benjamin Schwarz (München, 1988).
2 Martin Goodman, *Suffer and Survive: The Extreme Life of J. S. Haldane* (London, 2007).
3 Paul Bert war Bernards Student und hatte einen großen Einfluss auf das Verständnis der Höhenphysiologie. Er machte unglaublich wichtige Beobachtungen, die unser Verständnis der Interaktionen des Körpers mit Höhe und im Flug direkt beeinflussten. Berts Aufsatz *La pression barométrique* wurde unter dem Titel *Barometric Pressure* (Columbus, OH, 1943) für die US Air Force übersetzt.
4 Peter Sloterdijk, *Luftbeben* (Frankfurt, 2002).
5 Steven Connor, *The Matter of Air: Science and the Art of the Ethereal* (London, 2010), S. 256.
6 Naomi Mitchison, 'Letters: Gas Masks', *New Scientist* (1975), S. 279.
7 Jean Baudrillard und David Macey (Übersetzer), 'Hyperreal America', *Economy and Society,* xxii/2 (Mai 1993), S. 243–52 (S. 248).
8 Jean Baudrillard, *The Illusion of the End* (Stanford, CA, 1992), S. 74.

9 Timothy Luke, 'Reproducing Planet Earth? The Hubris of Biosphere 2', *The Ecologist,* xxv/4 (1995), S. 157–64 (S. 159).

10 Eva Díaz, 'Dome Culture in the 21st Century', *Grey Room,* xlii (Winter 2011), S. 80–105.

11 Das SurvivaBall-Modell der Luftarchitektur kommt recht gut in *Der Sturm aus dem Nichts* (1964) zum Ausdruck, J. G. Ballards übersehenem und bescheiden selbstverleumderischem Text über einen Wind, der das meiste Leben auf der Erde vernichtet. In Ballards 1961 im englischen Original erschienenem Roman errichtet der einzige überlebende Megalomane eine gewaltige Pyramide, die dem Sturm trotzt. Hier lebt Hardoon, der 55-jährige Millionär, der wie ein Bond-Schurke die Grenzen zur Außenwelt kontrolliert. Er drückt einen Knopf und dreht sich im Sessel um (ohne Katze auf dem Arm allerdings), um die Rollläden hochzuziehen und die einen Meter dicke Glasscheibe zu präsentieren, die den Wind abhält. Ballard, dem sein Erstlingswerk offenbar peinlich war, behauptete später, *Der Sturm aus dem Nichts* sollte nicht als sein Debütroman gezählt werden, und behauptete, er hätte es nur geschrieben, um potenzielle Verlage auf sich aufmerksam zu machen.

12 E. B. White, 'Here is New York', in *Empire City: New York through the Ages* (New York, 2005), S. 710.

13 Ebenda, S. 710.

14 Ebenda, S. 697.

15 Ebenda, S. 696.

16 Ebenda, S. 697.

17 The United States and the United Nations, 'Report by the President to the Congress for the Year 1947', *Department of State Publication 3024,* International Organization and Conference Series III, (Washington, DC), S. 220.

18 Le Corbusier zitiert in Michael Raeburn und Victoria Wilson, Hrsg., Le Corbusier: *Architect of the Century,* exh. cat., Hayward Gallery, London (1987), S. 170.

19 H. A. S. Kliban, 'Pinch and Punch', *Architectural Visions of the United Nations* (Cambridge, 1949).

20 Siehe die ausgezeichnete Analyse der Belüftungsdebatte von J. Hiller und S. J. Bell, 'The 'Genius of Place': Mitigating Stench in the New Palace of Westminster before the Great Stink', *The London Journal,* xxxv/1 (2010), S. 22–38.

21 David Boswell Reid, *Illustrations on the Theory and Practice of Ventilation: With Remarks on the Warming, Exclusive Lighting and the Communication of Sound* (London, 1844), S. xiii.

22 Paulo Tavares, *General Essay on Air: Probes into the Atmospheric Conditions of Liberal Democracy* (London, 2008). https://www.essayonair.online/pagina-inicial

23 In Mitteilungen an Viscount Duncannon wurde erklärt, dass die Luft vom Staub und Schlamm von den Füßen der Mitglieder gesättigt sei. Sir F. Trench to Viscount Duncannon, House of Commons Parliamentary Papers, No. 204, Sessions 1838: http://parlipapers. chadwyck.co.uk.

24 Reid, *Illustrations,* S. 274.

25 Editorial, *London Quarterly Review* (1846), S. 316.

26 Lord Sudely und Benjamin Hawes zitiert in David Boswell Reid und Elisha Harris, *Ventilation in America: With a Series of Diagrams, Presenting Examples in Different Classes of Habitations* (New York, 1864), S. xxv.
27 Editorial, S. 214.
28 Reids Arbeit wurde in den USA unter dem Titel *Ventilation in American Dwellings* von David Boswell Reid und Elisha Harris (1858) veröffentlicht. Siehe auch E. Harris, 'Vital Registration - Public Use of Vital Statistics', *New York Times* (23. Mai 1874).
29 Edwin Chadwick, 'Ventilation with Air', *The Sanitarian* (1885), S. 13.
30 Vladimir Jankovic und Michael Hebbert, 'Hidden Climate Change: Urban Meteorology and the Scales of Real Weather', *Climatic Change,* 113 (2012), S. 23-33.
31 Rudyard Kipling: *Schlichte Geschichten aus den indischen Bergen,* Übs. Marguerite Thesing (Potsdam, 1925).
32 Dane Kennedy, *The Magic Mountains: Hill Stations and the British Raj* (Los Angeles, 1996).
33 David Gilmour, *The Ruling Caste: Imperial Lives in the Victorian Raj* (London, 2007), S. 269.
34 Mollie Panter-Downes, *Ooty Preserved: A Victorian Hill Station in India* (London, 1967), S. 8.
35 Judith T. Kenny, 'Climate, Race, and Imperial Authority: The Symbolic Landscape of the British Hill Station in India', *Annals of the Association of American Geographers,* lxxxv/4 (Dezember 1995), S. 694-714 (S. 699).
36 Kavita Philip, 'English Mud: Towards a Critical Cultural Studies of Colonial Science', *Cultural Studies,* xii/3 (1. Juli 1998), S. 300-31 (S. 304).
37 Georgina Gowans, 'Imperial Geographies of Home: Memsahibs and Miss-Sahibs2 in India and Britain, 1915-1947', *Cultural Geographies,* x/4 (2003), S. 424-41 (S. 431).
38 Ebenda, S. 433.
39 Anita Desai, 'Hill Stations of the Raj', *New York Times,* www.nytimes.com, 15. März 1987.
40 D. Asher Ghertner, 'Calculating Without Numbers: Aesthetic Governmentality in Delhi's Slums', *Economy and Society,* xxxix/2 (2010), S. 185-217.
41 Colin McFarlane, 'The Politics of Open Defectation: Informality, Body and Infrastructure in Mumbai' (Arbeitspapier, 2011).
42 Ich bin dankbar, den faszinierenden Vortrag des Geografen Andrew Harris von der UCL gehört zu haben, der auf diese Szene in *Slumdog Millionaire* verwies. Andrew Harris, 'Vertical Urbanism', Workshop zum Thema „Vertical Geographies", London, 8. Dezember 2010: http://backdoorbroadcasting.net.
43 Zitiert in Marsha Ackermann, *Cool Comfort: America's Romance with Air-conditioning* (Washington, DC, 2010), S. 157.
44 Lewis Mumford, 'Sketch of the City of the Future', Survey (1925).

5 Spiegelungen

1 James Thomson, *Nachtstadt und andere lichtscheue Schriften,* Übs. Ulrich Horstmann (Zürich, 1991), S. 150.
2 Ellsworth Huntington, *Civilization and Climate* (Honolulu, 2001 [Erstveröffentlichung 1915]).

3 Ebenda, S. 224.
4 Raymond Arsenault, 'The End of the Long Hot Summer: The Air Conditioner and Southern Culture', *The Journal of Southern History,* l/4 (November 1984), S. 597–628.
5 T. E. Lawrence, *Oriental Assembly* (London, 2005), S. 12.
6 Robert Southey, *Thalaba the Destroyer* (London, 1801), S. 28.
7 Stan Cox, 'Militarism, Torture... and Air Conditioning', www.counterpunch.org/2010/04/22.
8 Graeme Wood, 'An Air-conditioned Nightmare', *The Atlantic,* www.theatlantic.com, 14. August 2008.
9 Jeremy Bernstein, 'That "Sweet Abbottabad Air"', *New York Review of Books,* www.nybooks.com, 5. Mai 2011.
10 Aravind Adiga, *Der weiße Tiger,* Übs. Ingo Herzke (München, 2008), S. 135.
11 Ebenda, S. 130.
12 Joshua Apte et al., 'Concentrations of Fine, Ultrafine, and Black Carbon Particles in Auto-rickshaws in New Delhi, India', *Atmospheric Environment,* xlv/26 (2011), S. 4470–80.
13 Bret Easton Ellis, *American Psycho,* Übs. Clara Drechsler und Harald Hellmann (Köln, 1991).
14 Sherman arbeitet auch für Pierce & Pierce, also für dieselbe Investmentfirma wie Bateman.
15 Tom Wolfe, *Fegefeuer der Eitelkeiten,* Übs. Benjamin Schwarz (München, 1988).
16 Jonathan Raban, *Hunting Mister Heartbreak* (New York, 1991), S. 81.
17 Ebenda, S. 87.
18 Wolfe, *Fegefeuer.*
19 Friedrich Nietzsche, *Ecce Homo* (Leipzig, 1908).
20 Ebenda.
21 Erich Maria Remarque, *Im Westen nichts Neues* (Berlin, 1928).
22 Ebenda.
23 Darius Rejali, 'Ice Water and Sweatboxes: The Long and Sadistic History Behind the CIA's Torture Techniques', *Slate,* www.slate.com, 2009.
24 See Dominique Moran, *Mapping the Gulag,* www.gulagmaps.org.
25 Jameel Jaffer und Amrit Singh, *Administration of Torture: A Documentary Record from Washington to Abu Ghraib and Beyond* (New York, 2007), S. 153.
26 Milica Tomić, 'CONTAINER: Forensic Performance: (Re)Construction of the Crime', http://milicatomic.wordpress.com.
27 Huntington, *Civilization,* S. 227.
28 Stephen Healey, 'Air-conditioning and the "Homogenization" of People and Environments', *Building Research and Information* (2008), S. 312.
29 Lisa Heschong, *Wetter ist auch innen: thermisches Wohlbefinden und Architektur* (Karlsruhe, 1985).
30 Madhavi Indraganti, 'Thermal Comfort in Apartments in India: Adaptive Use of Environmental Controls and Hindrances', *Renewable Energy: An International Journal,* xxxvi /4 (April 2011), S. 1182–9; 'Behavioural Adaptation and the use of Environmental Controls in Summer for Thermal Comfort in Apartments in India', *Energy and Buildings,* xlii (2010), S. 1019–25.

31 Brief von J. R. Kell in: Journal of the Institute of Heating Engineers, 1961, vol 28, p. 55.
32 Elizabeth Shove, *Comfort, Cleanliness and Convenience: The Social Organization of Normality* (Oxford, 2003) S. 50–69.
33 Russell Hitchings und Shu Jun Lee, 'Air-conditioning and the Material Culture of Routine Human Encasement', *Journal of Material Culture,* xiii/3 (2008), S. 251–65.

6 Staub zu Staub

1 Frédéric Beigbeder, *Windows On the World,* Übs. Brigitte Große (München, 2004).
2 J. G. Ballard, *The Wind From Nowhere* (New York, 1962), S. 1–10.
3 J. G. Ballard, 'Going Somewhere?', *The Observer* (14. September 1997).
4 Siehe auch Christopher Schabergs fantastisches Buch *The Textual Life of Airports* (London, 2012).
5 Lily Ford, 'Mapping the Clouds', *Fortean Times,* www.forteantimes.com, Mai 2010.
6 Carol Ann Duffy, 'Silver Lining', vorgetragen von der Künstlerin in *Today,* BBC Radio 4, www.bbc.co.uk, 19. April 2010.
7 Val Gielgud, *Death at Broadcasting House* (London, 1934).
8 Carrier Corporation, *An Air Conditioning Achievement by Carrier: Broadcasting House* (London, 1932), S. 2.
9 Zitiert in Staffan Ericson, 'The Interior of the Ubiquitous: Broadcasting House, London', in *Media Houses: Architecture, Media and the Production of Centrality* (New York, 2010), S. 19–58.
10 Herman Klein 'The Genii of Broadcasting House', *The Gramophone and the Singer* (6–7. Juli 1932), S. 6.
11 Carrier Corporation, *An Air Conditioning Achievement,* S. 10.
12 *Death at Broadcasting House,* Regie Reginald Denham (Phoenix Films, London, 1934).
13 Steven Connor, 'The Machine in the Ghost: Spiritualism, Technology and the "Direct Voice"', in *Ghosts: Deconstruction, Psychoanalysis, History,* Hrsg. Peter Buse und Andrew Stott (Basingstoke, 1999), S. 203–25 (S. 211).
14 Julian Barnes, *Arthur und George* (London, 2006); Arthur Conan Doyle, *The Poison Belt* (London, 1913).
15 Susan Hill, *Die Frau in Schwarz,* Übs. Lore Strassl (München, 1993); siehe auch insbesondere Henning Mankell, *Der Mann, der lächelte* (Wien 2001).

16 Diane Jacobs, *Her Own Woman: The Life of Mary Wollstonecraft* (London, 2001), S. 219.
17 Die Darstellung stammt aus Godwins kapitellanger Erörterung von Marys Suizidversuch in *Memoirs of the Author of A Vindication of the Rights of Women* (London, 1798), S. 138.
18 Helen M. Buss, 'Godwin's Memoirs', in *Writing Lives: Mary Wollstonecraft and Mary Shelley,* Hrsg. Helen M. Buss, D. L. Macdonald und Anne McWhir (Waterloo, ON, 2001), S. 122.
19 Carolyn Williams, '"Inhumanly Brought Back to Life and Misery": Mary Wollstonecraft, Frankenstein, and the Royal Humane Society', *Women's Writing,* VIII/2 (2001), S. 213–34 (S. 223).

20 Siehe Diana Cokes lehrreiche und detaillierte Geschichte der Royal Humane Society, *Saved From a Watery Grave* (London, 1998), S. 2.

21 2. Buch Könige 4:34, Einheitsübersetzung 2016. Zitiert in A. Barrington Baker, 'Artificial Respiration, the History of an Idea', *Journal of Medical History,* XV (1971), S. 336–51 (S. 336).

22 C. S. F. O'Donnell, A. T. Gibson und S. G. Davis, 'Pinching, Electrocution, Ravens' Beaks, and Positive Pressure Ventilation: A Brief History of Neonatal Resuscitation', *Archives of Disease in Childhood, Fetal and Neonatal Edition,* XCI/5 (2006), S. 369–73 (S. 370).

23 John Fothergill, 'Observations of a Case Published in the Last Volume of the Medical Essays, "of recovering a Man dead in Appearance by distending the lungs with Air"', in *The Works of John Fothergill,* M.D., Bd. I, Hrsg. J. C. Lettsom (London, 1783), S. 278.

24 'Royal Humane Society', *The Gentleman's Magazine* (1821), S. 807.

25 O'Donnell et al., 'Pinching', S. 370.

26 Roger Ingpen, *Shelley in England: New Facts and Letters from the Shelley-Witton Papers* (London, 1917), S. 476.

27 Sara Wasson, *Urban Gothic of the Second World War* (Basingstoke, 2010), S. 8.

28 Bao Ninh, *The Sorrow of War* (New York, 1994), S. 21–2.

29 Ebenda, S. 78.

30 Ebenda, S. 99.

31 J. G. Ballard, *Empire of the Sun* (London, 1984), S. 30.

32 Beigbeder, *Windows.*

33 Martin Amis, *The Second Plane* (London, 2008), S. 1–3.

34 Ebenda, S. 6.

35 Ian Cook et al., 'Hartmut Bitomsky's Dust': A Reaction More than a Review', *Science as Culture,* XX/1 (März 2011), S. 117.

36 Paul J. Lioy, *Dust: The Inside Story of its Role in the September 11th Aftermath* (Lanham, MD, 2010), S. 44.

37 Goyard hatte in Belgien und Frankreich als Bühnenbildner und Kulissenbauer gearbeitet. 1934 entwarf er das Bühnenbild für *Les Races* im Théâtre de L'Oeuvre in der Rue de Clichy. Das Stück setzte sich besonders kritisch mit dem Nationalsozialismus und seiner antisemitischen Haltung auseinander.

38 Celan zitiert in Gary D. Mole, *Beyond the Limit-experience: French Poetry of the Deportation,* 1940–1945 (New York, 2002), S. 168.

39 Edward Abbey, *Confessions of a Barbarian: Selections of the Journals of Edward Abbey* (London, 2003).

40 Regina Ammicht-Quinn wies mich dankenswerterweise auf Nicolas Bergs *Luftmenschen: Zur Geschichte einer Metapher* (Göttingen, 2008) hin.

41 So erinnert sich der Dichter und Liedermacher Wolf Biermann an die schrecklichen Szenen des Feuersturms, der in der Nacht des 27. Juli 1943 nach einem Bombenangriff der Alliierten durch Hamburg fegte. Die Beschreibung ist Keith Lowes hervorragendem Buch *Inferno* (London, 2009) entnommen.

42 Abbey, *Confessions,* S. 89–90.

43 Philip Pullman, *Das Bernstein-Teleskop,* Übs. Wolfram Ströle und Reinhard Tiffert (Hamburg 2001.

45 Luce Irigaray, *The Forgetting of Air in Martin Heidegger* (Austin, TX, 1999).

46 Don DeLillo, 'In the Ruins of the Future: Reflections on the Terror and Loss in the Shadow of September', *Harper's Magazine* (Dezember 2001).

AUSGEWÄHLTE LITERATUR

Ackermann, Marsha, *Cool Comfort: America's Romance with Air-Conditioning* (Washington, DC, and London, 2010)

Adey, Peter, *Aerial Life* (London 2010)

Adiga, Aravind, *Der weisse Tiger* (München, 2008)

Bachelard, Gaston, *Air and Dreams; An Essay on the Imagination of Movement* (Dallas, TX, 1988)

Ballard, J. G., *Empire of the Sun* (dt.: *Das Reich der Sonne*) (London 1984)

Barnes, David S., *The Great Stink of Paris and the Nineteenth-century Struggle against Filth and Germs* (Baltimore, MD, 2006)

Berman, Marshall, *All that is Solid Melts into Air* (New York, 1983)

Boswell-Reid, David, *Illustrations on the Theory and Practice of Ventilation: with remarks on the warming, exclusive lighting and the communication of sound* (London, 1844)

Burton, Robert, *The Anatomy of Melancholy* (dt.: *Die Anatomie der Melancholie*) (New York, 1870)

Cockayne, Emily, *Hubbub: Filth, Noise and Stench in England,* (Ann Arbor, MI, 2007)

Coke, Diana, *Saved from a Watery Grave* (London, 1998)

Connor, Steven, *The Matter of Air* (London, 2010)

Corbin, Alain, *The Lure of the Sea* (Los Angeles, 1994)

Corn, Joseph, *The Winged Gospel* (Washington, DC, 1993)

Ellis, Bret Easton, *American Psycho* (Köln, 2006)

Gaskell, Elizabeth, *North and South* [1855] (London, 2003)

Gissen, David, *Subnature: Architecture's other Environments* (London, 2003)

Gissen, David, 'The Architectural Production of Nature/New York', in: *Grey Room* (Winter 2009) S. 58–79

Goodman, Martin, *Suffer and Survive: The Extreme Life of J. S. Haldane,* (London, 2007)

Hamblyn, Richard, *The Invention of Clouds: How an Amateur Meteorologist Formed the Language of the Skies* (New York, 2001)

Howard, Luke, *The Climate of London* (London 1833)

Huntington, Ellsworth, *Civilisation and Climate* (Hawaii, 2001)

Irigaray, Luce, *The Forgetting of Air in Martin Heidegger* (Austin, TX, 1999). Titel des französischen Originals: *L' oubli de l'air chez Martin Heidegger* (Paris, 1983)

Jankovic, Vladimir, *Reading the Skies: A Cultural History of English Weather, 1650–1820* (Chicago, 2001)

Johnson, Stephen, *The Invention of Air: An Experiment, a Journey, a New Country, and the Amazing Force of Scientific Discovery* (London, 2009)

Kennedy, Dane, *The Magic Mountains: Hill Stations and the British Raj* (Los Angeles, 1996)

Lioy, Paul, *Dust: The Inside Story of its Role in the September 11th Aftermath* (Lanham, MD, 2010)

McCormack, Derek P., 'Aerostatic Spacing: on Things Becoming Lighter than Air', *Transactions of the Institute of British Geographers* (2009)
Overy, Paul, *Light, Air and Openness: Modern Architecture Between the Wars* (London, 2008)
Saint-Exupéry, Antoine de, *Südkurier* (Bad Salzig, 1949). Titel des französischen Originals: *Courrier Sud.*
Schaberg, Christopher, *The Textual Life of Airports: Reading the Culture of Flight* (London, 2012)
Schaffer, Simon, 'Measuring Virtue: Eudiometry, Enlightenment, and Pneumatic Medicine', in: Andrew Cunningham und Roger French (Hrsg.), *The Medical Enlightenment of the Eighteenth Century* (Cambridge, 1990)
Shapin, Stephen, and Simon Schaffer, *Leviathan and the Air-Pump: Hobbes, Boyle, and the Experimental Life* (Princeton, NJ, 1985)
Shove, Elizabeth, *Comfort, Cleanliness and Convenience: The Social Organisation of Normality* (Oxford, 2003)
Sloterdijk, Peter, *Luftbeben* (Frankfurt am Main, 2002)
Sloterdijk, Peter, *Sphären I* (Frankfurt am Main, 2003)
Sontag, Susan, *Krankheit als Metapher* (München, Wien, 1978)
Süskind, Patrick, *Das Parfum. Die Geschichte eines Mörders* (Zürich, 1985)
Uglow, Jenny, *The Lunar Men: The Friends who Made the Future, 1730–1810* (New York, 2002)
Wasson, Sara, *Urban Gothic of the Second World War* (Basingstoke, 2010)

ORGANISATIONEN UND WEBSEITEN

Die Aktivistengruppe ***The Yes Men*** hat dazu beigetragen, die Aufmerksamkeit auf eine Reihe von äußerst wichtigen Themen im Zusammenhang mit Luft und Umweltkatastrophen zu lenken. Mehr zu ihrer Arbeit in Bezug auf die Giftgaskatastrophe von Bhopal und ihre SurivaBall-Parodie finden Sie auf http://theyesmen.org.

Bret Holmans Webseite und Blog *Airminded* enthält hervorragende Artikel zur Geschichte der Luft, Geopolitik und Gesellschaft. Seine Beiträge reichen von Luftschiffen über die Kontrolle des Luftraums zur Kolonialzeit bis hin zu den Sorgen vor Gasangriffen im Vorfeld des Zweiten Weltkriegs: http://airminded.org.

Julie Westerman ist eine in Sheffield ansässige Künstlerin, die Luft häufig zum Gegenstand ihrer Kunst macht. Einen Einblick in ihre Projekte bietet www.juliewesterman.co.uk.

Berndnaut Smilde, der niederländische Künstler, der künstliche Wolken in Innenräumen herstellt, präsentiert seine außergewöhnlichen Arbeiten auf seiner persönlichen Webseite: www.berndnaut.nl.

Die **Royal Humane Society** betreibt eine informative Webseite über ihre Ursprünge und aktuellen Aktivitäten. Ihre Aufzeichnungen können in den London Metropolitan Archives eingesehen werden. www.royalhumanesociety.org.uk / www.thelondonarchives.org

NABU (Naturschutzbund Deutschland) e. V.
Klima und Luft: www.nabu.de/umwelt-und-ressourcen/klima-und-luft/

Umweltbundesamt, Deutschland – Informationen zum Thema Luft
www.umweltbundesamt.de/themen/luft

Bundesamt für Umwelt BAFU, Schweiz – Informationen zum Thema Luft
www.bafu.admin.ch/bafu/de/home/themen/luft.html

Umweltbundesamt Österreich – Informationen zum Thema Luft
www.umweltbundesamt.at/luft

Europäische Umweltagentur (EUA) – Informationen zum Thema Luftverschmutzung
www.eea.europa.eu/en/topics/in-depth/air-pollution

Europäischer Luftqualitätsindex
Der Europäische Luftqualitätsindex liefert Informationen über die aktuelle Luftqualität, die auf Messungen von mehr als 2000 Luftqualitätsmessstationen in ganz Europa basieren. Die einzelnen Stationen können auf einer Karte angesteuert werden. www.eea.europa.eu/en/analysis/maps-and-charts/index

Greenpeace
Deutschland: www.greenpeace.de
Schweiz: www.greenpeace.ch
Österreich: www.greenpeace.at
International: www.greenpeace.org/international/en

International Panel on Climate Change (Weltklimarat)
www.ipcc.ch

Vereinte Nationen – Projekte zum Thema Luft
https://www.unep.org/topics/air

Weltgesundheitsorganisation
https://www.who.int/health-topics/air-pollution

Breathe Life 2030 – eine Kampagne zur Förderung von Massnahmen, mit deren Hilfe die Richtlinien der WHO zur Luftqualität bis 2030 erreicht werden sollen.
https://breathelife2030.org/

Climate and Clean Air Coalition
https://www.ccacoalition.org/

LUDOK – Schweizerische Dokumentationsstelle Luftverschmutzung und Gesundheit
www.swisstph.ch/de/projects/ludok

Liste von Luftfahrtmuseen
https://de.wikipedia.org/wiki/Liste_von_Luftfahrtmuseen

Blur Building / Wolke
Informationen zum Blur Building bzw. der Wolke, einer begehbaren Konstruktion an der Expo.02 auf dem Neuenburgersee in der Schweiz.
https://dsrny.com/project/blur-building
https://ex-expo.ch/detail/wolke

DANKSAGUNG

Dieses Buch lag sehr lange in der Schublade. Meine Lehrer:innen für Erdkunde und Naturwissenschaften an der Ferndown Middle und Upper School, insbesondere Mrs Dibden und Mr und Mrs Powell, haben mein frühes Interesse an der Atmosphäre und den Gasen, die uns umgeben und schützen, unglaublich unterstützt. In den 1980er-Jahren inmitten neu entdeckter Löcher in der Ozonschicht aufzuwachsen, war äußerst prägend, auch wenn dieses Buch den Begriff der Luft in einige andere Richtungen lenkt als die, mit der ich anfing.

Für ein so kurzes Buch war das recht viel Arbeit, und ich bin Daniel Allen, Michael Leaman und Robert Williams bei Reaktion sehr dankbar für ihre Ermutigung und Geduld und dafür, dass sie mich gedrängt haben, das Buch ordentlich zu machen. Ich hoffe, dass *Luft* ein Beispiel dafür ist, wie viel konstruktive Kritik ausrichten kann.

Wie immer haben mich Kolleg:innen und Freund:innen fantastisch unterstützt, zumal dieses Buch nach einem Umzug von der Universität Keele nach Royal Holloway fertiggestellt wurde. Besonderer Dank gebührt Klaus Dodds, der die letzten Entwürfe in letzter Minute durchgelesen hat. Vielen Dank auch an Peter Knight, mit dem wir unsere ersten Ideen diskutiert haben – ich freue mich schon auf das Buch zum Thema Gletscher! Der übliche Dank für Gedanken, Ratschläge und Inspiration geht an Ben Anderson, Oliver Belcher, Rachel Colls, Martin Coward, Phil Crang, Tim Cresswell, Steve Graham, Derek Gregory, Harriet Hawkins, Clare Holdsworth, Caren Kaplan, Peter Kraftl, Derek McCormack, Craig Martin, Damien Masson, Patrick Murphy, Kim Peters, Alasdair Pinkerton, Zoe Robinson, Paul Simpson, Rachael Squire, Phil Steinberg, Paulo Tavares, Rich Waller, Mark Whitehead, Alison Williams und Chris Zebrowski. Und eine besondere Erwähnung gebührt Großmutter und Großvater Searles für ihre Geschichten über Mundesley und ich danke ihnen auch für ihre Hartnäckigkeit in Bezug auf das Liegehalle-Sommerhaus!

Zum Schluss noch ein großes Dankeschön an meine Frau und Familie.

BILDQUELLEN

Der Autor, Reaktion Books und der Haupt Verlag bedanken sich bei den unten genannten Quellen für das Bildmaterial und/oder die Erlaubnis, es zu reproduzieren. Die Standorte einiger Kunstwerke sind ebenfalls unten angegeben.

Coverabbildung vorne: Tanja Frey, www.tanja-frey.com
Klappe vorne: Wellcome Collection (36299i): *Ein Mann auf einem Pferd hängt an einem Heißluftballon.* Lithographie nach Gustave Janet. Public Domain.

Innenteil:
Foto Norbert Aepli, Schweiz/Wikimedia Commons (CC-BY-2.5): S. 129; Foto Afghan Diary: S. 158; Foto Gopal Aggarwal (www.gopal1035.blogspot.com) (CC-BY-2.5): S. 145; Fotos © Matt Allen: S. 109, 110; Foto andytang20/Flickr (CC-BY-2.0): S. 14; © Joshua Apte: S. 160; Fotos Autor: S. 65, 113, 135; © Peter Böhi: S. 94; Andrea Booher, FEMA News Photo: S. 193; Foto mit freundlicher Genehmigung von Carl Bourdain: S. 34; The British Museum, London: S. 77; Fotos © Trustees of the British Museum: S. 32, 34, 47, 48, 77, 82, 101; F. W. Burton-Fanning, 'Open Air Treatment of Phithisis in England', © Lancet (1898): S. 111; City of Chicago Municipal Tuberculosis Sanitarium, 1915: S. 117; William C. Cooke: S. 99; Foto Onur Dag: S. 170; © Catherine D'Ignazio: S. 91; Foto Dkganesh/Wikimedia Commons(CC-BY-3.0): S. 62; ETH-Bibliothek Zürich, Alte und Seltene Drucke (Public Domain): S. 6; Frank Leslie's Illustrated Newspaper (27. Oktober 1888): S. 68; © David Gissen: S. 90; J.J. Grandville, *Un Autre Monde* (Paris, 1844): S. 34; aus Harper's Weekly (12. Februar 1876): S. 66; Henry (Verde River)/flickr.com (CC-BY-2.0): S. 4; Houston Museum of Natural Science: S. 14; mit freundlicher Genehmigung des Institute of Mechanical Engineers, London: S. 64; Foto John Springer Collection/Corbis: S. 55; Foto Jon/Wikimedia Commons (CC-BY-2.0): S. 131; © Yves Klein, ADAGP, Paris: S. 127, 128; aus E. H. Knight, *Knight's American Mechanical Dictionary* (New York, 1876): S. 18; aus Marsilio Landriani, *Ricerche fisiche intorno alla salubrita dell'aria* (Mailand, ca. 1755): S. 72; aus Antoine Lavoisier, *Elements of Chemistry* (London, 1790): S. 22; mit freundlicher Genehmigung der Lewis Walpole Library, Yale University: S. 44; mit freundlicher Genehmigung der Library of Congress, Washington, DC: S. 59, 66, 68, 69, 138, 190; Foto Ad Meskens/Wikimedia Commons (CC-BY-3.0): S. 155; Foto (WT-shared) MrStew at wts wikivoyage/Wikimedia Commons (Public Domain): S. 168; Foto Krupasindhu Muduli/Wikimedia Commons (CC-BY-3.0): S. 148; © NACA: S. 52; NASA AquaSat: S. 173; National Gallery, London: S. 35; Foto Nationalbibliothek Frankreichs: S. 29; © National Portrait Gallery, London: S. 24, 83, 124; Ninara/flickr.com (CC-BY-2.0): S. 151; Foto Nomadsolicitor/Wikivoyage: S. 195; aus *Philosophical Transactions of the Royal Society of London. Series B. Containing Papers of a Biological Character,* 203, S. 185-318 (1913): S. 121, 122, 123; © *Postgraduate Medical Journal* (2010): S. 105; *Report from Select Committee on the Ventilation of the Houses of Parliament; with the minutes of evidence,*

573 (1835): S. 140; Foto ©Mike Robbins: S. 126; Foto Frank Seiplax/Wikimedia Commons (CC-BY-3.0): S. 157; mit freundlicher Genehmigung des Künstlers (Berndnaut Smilde) und der Ronchini Gallery: S. 170; skyseeker/flickr.com (CC-BY-2.0): S. 2–3; Foto Somjal: S. 189; Foto Rachael Squire: S. 174; aus *St Louis Courier of Medicine,* XXXI/6 (1904): S. 115; Foto Bill Taub © NACA: S. 53; Foto © Tom Little Photography: S. 132; © Milica Tomic: S. 167; Foto U.S. Department of Defense: S. 38–39; mit freundlicher Genehmigung des U.S. Naval Radiological Defence Laboratory: S. 40; aus U.S. Naval Radiological Defence Laboratory [C. E. Adams, J. D. Connor], *The Nature of Individual Radioactive Particles VI. Fallout Particles from a Tower Shot, Operation Redwing* (San Francisco, CA, 1957): S. 40; Foto © Nirupa Varatharasan: S. 88; Victoria & Albert Museum, London (Fotos © the Trustees of the V&A Museum): S. 74, 146; Fotos © the Trustees of the V&A Museum, London: S. 18, 28, 36, 37, 41, 74, 130, 146; © Trustees of the Watts Gallery, Compton, Surrey: S. 186; Wellcome Collection: S. 196–197 (Public Domain); mit freundlicher Genehmigung der Wellcome Library, London: S. 20, 21, 23, 27, 63, 67, 72, 106, 112, 114, 116, 181, 182, 184, 185.

REGISTER

Kursive Seitenzahlen beziehen sich auf Abbildungen.

WEITERE BÜCHER AUS DEM HAUPT VERLAG

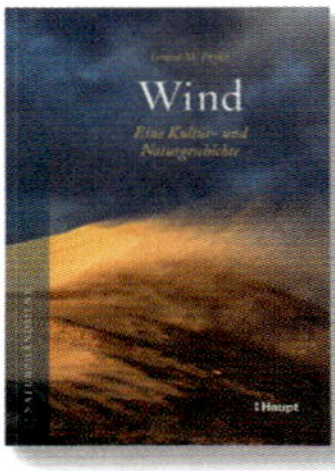

Louise M. Pryke

Wind

Eine Kultur- und Naturgeschichte

Die reich bebilderte Kulturgeschichte des Windes – von den antiken Mythen bis zum Klimawandel.

232 S., Softcover mit Klappen
2024. ISBN 978-3-258-08367-4

Veronica Strang

Wasser

Eine Kultur- und Naturgeschichte

Kein Naturelement hat die Menschheit so stark beeinflusst wie Wasser. Reich bebildert – ein wunderbares Geschenk für alle Naturinteressierten.

208 S., Softcover mit Klappen
2025. ISBN 978-3-258-08413-8

Karen Masters

Die Geschichte der Astronomie

in 115 Büchern – von der Antike bis heute

So spannend kann Wissenschaftsgeschichte sein: von frühen Sternenatlanten bis Stephen Hawking.

272 S., Hardcover
2024. ISBN 978-3-258-08377-3

Philip Parker

Karten, die die Welt veränderten

Die bedeutendsten Werke der Kartografie von den Anfängen bis heute

Eine spannende Reise durch die Geschichte der Kartografie: von den antiken Zivilisationen bis zu digitalen Kartierungssystemen.

272 S., Hardcover
2023. ISBN 978-3-258-08333-9

Thomas Reinertsen Berg

Die Geschichte der Gewürze

Genuss, Gier und Globalisierung

Der Autor spürt den Handelswegen der Gewürze bis in die entferntesten Länder der Erde nach und erzählt ihre bemerkenswerten Geschichten.

360 S., Hardcover
2023. ISBN 978-3-258-08357-5

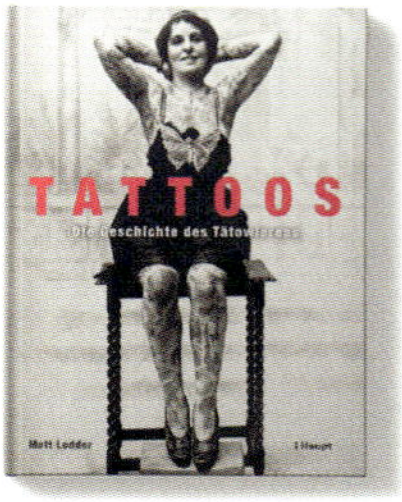

Matt Lodder

Tattoos

Die Geschichte des Tätowierens

Geschichte, die unter die Haut geht: Wie sich Tattoos in der westlichen Welt verbreiteten und stilistisch entwickelten.

224 S., Hardcover
2025. ISBN 978-3-258-08439-8

Philip Ball

Die Elemente

Entdeckung und Geschichte der Grundstoffe

Eine atemberaubende visuelle Reise zu den chemischen Bausteinen unseres Universums!

224 S., Hardcover
2022. ISBN 978-3-258-08268-4

Bjørn Berge

Die Welt der Gerüche

Von betörend bis betäubend - eine Hommage an den feinsten aller Sinne

20 Gerüche als Pfad durch die Kulturgeschichte: vom Blutgeruch über den Pestgestank bis zu synthetischen Parfums.

320 S., Hardcover
2025. ISBN 978-3-258-08436-7

A. Reser, L. McNeill

Frauen, die die Wissenschaft veränderten

Von der Antike bis zur Gegenwart

Ein spannender Gang durch die Jahrhunderte: die faszinierende Emanzipations- und Gleichstellungsgeschichte der Wissenschaften.

272 S., Hardcover
2022. ISBN 978-3-258-08258-5

Neil Parkinson

Bibliothek der Farben

Bücher, die unser Farbempfinden veränderten

Diese Bücher veränderten unser Sehen und Farbempfinden: Von Goethes Farbenlehre bis zu heutigen Industrie-Farbfächern.

256 S., Hardcover
2024. ISBN 978-3-258-08376-6

Colin Salter

Die Geschichte der Anatomie

in 150 Büchern – von der Antike bis heute

Die Entdeckung des menschlichen Körpers: eine Zeitreise durch 4000 Jahre. Mit faszinierenden Abbildungen aus allen Epochen.

272 S., Hardcover
2024. ISBN 978-3-258-08363-6

S. Pincock, M. Frary

Verschlüsselt

Die Geschichte geheimnisvoller Codes von den Hieroglyphen bis heute

Stephen Pincock und Mark Frary erkunden die faszinierende Geschichte der geheimen Kommunikationstechniken. Spannend wie ein guter Spionageroman.

192 S., Hardcover
2023. ISBN 978-3-258-08339-1

Erika Dyck

Rausch – Eine Kulturgeschichte der Psychedelika

Eine rauschende Bildreise durch die Welt der psychedelischen Drogen: Rituale, waghalsige medizinische Experimente und psychedelische Popkultur.

224 S., Hardcover
2024. ISBN 978-3-258-08375-9

David Brafman

Die Kunst der Alchemie

Eine Weltgeschichte

Die Alchemie als weltumfassende Naturphilosophie von der frühen Chemie bis zur Farbenlehre.

176 S., Hardcover
2024. ISBN 978-3-258-08370-4

Philip Ball

Experimente

Versuch und Irrtum in der Wissenschaft

Eine spannende Reise durch die Welt der experimentellen Naturwissenschaft: vom Foucaultschen Pendel bis zum Origami-Molekül.

240 S., Hardcover
2024. ISBN 978-3-258-08343-8

Besuchen Sie uns auf **www.haupt.ch**. Dort finden Sie **Online-Leseproben** aus allen Büchern und weitere Informationen zum Verlagsprogramm.

1. Auflage: 2025

ISBN 978-3-258-08412-1

Aus dem Englischen übersetzt von Susanne Schmidt-Wussow, DE-Berlin
Satz der deutschsprachigen Ausgabe: Die Werkstatt Medien-Produktion GmbH, DE-Göttingen

Umschlagabbildung vorne: Tanja Frey, www.tanja-frey.com
Klappe vorne: Wellcome Collection (36299i): Ein Mann auf einem Pferd hängt an einem Heißluftballon. Lithographie nach Gustave Janet. Public Domain.

Die englischsprachige Originalausgabe erschien unter dem Titel *Air: Nature and Culture* als Teil der Earth-Reihe bei Reaktion Books, London, UK

Gedruckt in Slowenien

MIX
Papier | Fördert gute Waldnutzung
FSC® C106600

Wir drucken mit mineralölfreien Farben und verwenden FSC®-zertifiziertes Papier. FSC® sichert die Nutzung der Wälder gemäß sozialen, ökonomischen und ökologischen Kriterien.

Diese Publikation ist in der Deutschen Nationalbibliografie verzeichnet. Mehr Informationen dazu finden Sie unter http://dnb.dnb.de.

Der Haupt Verlag wird vom Bundesamt für Kultur für die Jahre 2021–2025 unterstützt.

Wir verlegen mit Freude und großem Engagement unsere Bücher. Daher freuen wir uns immer über Anregungen zum Programm und schätzen Hinweise auf Fehler im Buch, sollten uns welche unterlaufen sein.

Haupt Verlag AG
Falkenplatz 14
CH-3012 Bern
herstellung@haupt.ch
www.haupt.ch

Verantwortlich in der EU (GPSR):
Brockhaus Kommissionsgeschäft GmbH
Kreidlerstr. 9
DE-70806 Kornwestheim
haupt@brocom.de

© Shutterstock, Huza Studio